厨行天下之二

《中国烹饪》特别推荐

烹饪技法

内容提要

本书是同类图书中首次采用“漫谈”形式，讲述烹饪行业50种烹饪技法：烤、炒、炝、拌、涮、扒、煎、汆、蒸、炖、煮、烧、炸、烹、醉、熏、煨、泡、冻、腌、酱、卤、烙、烩、爆、烘、羹、贴、扣、熘、焖、熬、腊、酥、滚、糟、焙、浸、拼、甜、塌、焗、烫、淋、拔丝、火锅、蜜汁、琉璃、挂霜、微波炉。

一种技法，一篇文章，讲古道今，谈经说艺，纵横交错，涉及烹饪技法的方方面面：源流、作用、要求、技巧、文化、实例。每种技法配以1个精典菜例，并有与各种技法相关的插图。图文并茂，具有较强的知识性、实用性、可读性、趣味性。

本书可作为职业厨师、烹饪专业院校、烹饪培训班和烹饪爱好者的专业参考书。本书对烹饪行业从业人员和有志于烹饪事业的人士，是一本不可多得的工具书和“枕边书”。

图书在版编目（CIP）数据

厨行天下：烹饪技法 / 单守庆著 .—北京：中国商业出版社，2009.1

（2020.8重印）

ISBN 978-7-5044-6357-9

Ⅰ. 厨…　Ⅱ. 单…　Ⅲ. 烹饪－方法　Ⅳ.TS972.11

中国版本图书馆 CIP 数据核字（2008）第 214057 号

责任编辑：刘毕林

63180647　www. c-cbook.com

中国商业出版社出版发行

（北京广安门内报国寺 1 号　邮编：100053）

新华书店经销

玉田县嘉德印刷有限公司

*

650 毫米×940 毫米　16 开　13.5 印张　170 千字

2009 年 1 月第 1 版　2020 年 8 月第 4 次印刷

定价：28.00 元

*　*　*

（如有印装质量问题可更换）

写在前面的话

小引

2003年8月3日，中国食品报《餐饮周刊》开设了一个“烹饪技法探究”的专栏，“编者按”中写道：“中国烹饪博大精深，其烹饪技法也变化多端，奥妙无穷。应广大读者要求，为使厨师朋友了解和掌握更多的‘煎炒烹炸’知识和操作技巧，本刊特约长期从事饮食文化研究的科普作家单守庆先生撰写‘烹饪技法探究’。一种技法一篇文章，从本期开始陆续刊登。”从此开始，我一篇接一篇地写一种又一种烹饪技法，到2005年9月17日，一共发表了43篇。至此，我以为烹饪技法没什么可写的了。其实不然。

2007年8月，我完成了“厨行天下”书系《烹饪刀工》的写作之后，便转入该书系《烹饪技法》的写作。找出43篇“探究”，一一重读，不仅篇篇都需扩充内容，而且又增加了7篇，使本书所探究的烹饪技法达到50种。

一种技法，一篇文章。从第1篇到第50篇，经历了整整5年时间。“打破砂锅问到底”，我就这样坚持下来了。其间的苦辣酸甜，外人莫知，也就没有必要请人为本书作序。作为作者，有必要联系本书写作的实际，对烹饪技法的历史演变与发展前景，进行一些考证和分析，作为本书“写在前面的话”。然后，再一种技法一个菜例，一一“漫谈”……

一、烹饪技法知多少

有一位诗人曾这样评价中国菜肴："自然界有多少种花，中国就有多少种菜肴。"可见，我国菜肴品种众多，繁花似锦，风味迥异。制作这些菜肴，离不开灵活多变、巧妙不同的烹饪技法。那么，我国的烹饪技法有多少种呢?

目前尚无定论。

据有关资料记载，我国常用的基本烹饪技法有30多种，从基本技法衍生出来的分支技法，则有数百种。

我经常翻阅的《中国烹饪辞典》，是中国商业出版社1992年出版发行的大型工具书。该书编委会本着"有闻必录"的原则，组织近百名专家，历时10年，将全国各地所有菜肴的烹饪技法均收入其中，共计467种。世界上没有哪一个国家的烹饪技法有如此之多!

烹饪技法是通过加热、调味等手段制成食品的技法。运用烹饪技法，是在烹饪选料、烹饪原料初加工、烹饪原料细加工3个阶段之后的临灶阶段，也是整个烹饪工艺流程的最后阶段。司厨者临灶操作，采取综合利用热能、炊具等方法，使主料、辅料、调味料产生复杂的理化反应，形成不同的风味特色，变成既美味可口又养生健体的食品。因此，《中国烹饪百科全书》写下这样的结论：烹饪技法是烹饪工艺流程中具有决定性作用的技法。

烹饪技法是我国各地区、各民族历代厨师和相关人士在烹饪实践中创造和总结出来的。在漫长的历史进程中，烹饪技法经历了从无到有、从少到多、从粗放到精细、从简单到复杂的演进过程，从而具有了"多、奇、绝"的诱人魅力。

由于技法定义、方言土语、地域和菜系差异等原因，在众多烹饪技法中，也存在"相同技法不同名称、相同名称不同技法、名称与技法不符"的问题。有鉴于此，笔者在写作《厨行天下·烹饪技法》时，经过反复选择和认真比较之后，对常用的和一些地方影响较大的50种烹饪技法，进行一一探究。

二、烹饪技法溯源

《厨行天下·烹饪技法》的50篇文章和50个菜例定稿之后，在编写目录时，思考再三，决定把“烤制技法”列为第一篇。这是因为，在种种烹饪技法中，“烤”的历史最为悠久。

烹饪技法始于人类用火熟食，距今已有50余万年。在这漫长的岁月里，烹饪技法的发展，经历了四个时期：

（一）火熟法时期。人类最早发明的烹饪技法，是直接利用火的热能使烹饪原料成熟——烤。从此，人类尝到了熟食的甜头，也逐渐发明了与烤相近的“烘制技法”、“熏制技法”。后来又发明了将烹饪原料埋入火灰中成熟的“煨制技法”、利用石板传热使烹饪原料烙熟、焙熟的“石烹法”、向水坑里投放烧热石块使烹饪原料成熟的“煮制技法”。这个时期，处于旧石器时期的中后期，是没有炊具的火熟时期，延续了数十万年之久。如今，在古城西安的特色餐馆里，还经营着“石烹法”制作的菜肴，让人们感受烹饪技法的远古遗风。

（二）水熟法时期。距今约1.1万年，人类由直接用火发展到间接用火，随之发明了陶制炊具，以此取代了火熟时期的“水坑”，从而逐渐完善了“煮制技法”，继而发明了“熬制技法”、“氽制技法”、“烫制技法”、“蒸制技法”。

（三）油烹法时期。距今约5千年，人类发明了耐高温的铜制炊具和新的传热介质——油。于是，又出现了“炸制技法”、“煎制技法”。

（四）水油混合熟法时期。距今约3千年，铜制炊具被铁制炊具所取代，特别是人类发明了铁锅之后，不仅烹饪时便于翻炒，快速成熟，还能交叉混合使用水和油两种传热介质，也就形成了“炒制技法”、“爆制技法”、“烹制技法”、“熘制技法”。

纵观烹饪技法发展的四个时期，无不与炊具有关：火熟法时期，也称为“石烹时期”；水熟法时期，也称为“陶烹时期”；油熟法时期，也称为“铜烹时期”；水油混合法时期，也称为“铁烹时期”。烹饪技法与烹饪炊具紧密联系，互为促进。

三、烹饪技法展望

烹饪技法的发展不仅与炊具有关，也与火候、刀工、浆汁、糊芡、调味料相互作用，从而促进了烹饪技法的发展。

由基本技法向分支技法发展。比如，“煮制技法”衍生出“烧制技法”、“烩制技法”、“卤制技法”、“酱制技法”；“煎制技法”衍生出“贴制技法”、“塌制技法”。

由单一技法向复合技法发展。比如，“煎烧技法”、“蒸扒技法”、“煎焖技法”。

由调味料与烹饪技法分离向复合发展。比如，“酱爆技法”、“醋熘技法”、“糟煎技法”、“醉制技法”。

由浆汁糊芡与烹饪技法分离向复合发展。比如，“滑炒技法”、“炊炸技法”、“酥炸技法”。

由熟食技法向生食技法发展。比如，“腌制技法”、“渍制技法”、“凉拌技法”。

烹饪技法的发展不同于其他事物，不完全是“喜新厌旧”、“弃旧图新”，而是累进发展的。新的烹饪技法出现了，原有的烹饪技法仍然应用，也就使烹饪技法越来越多。

烹饪技法是实现烹饪目的的主要手段。随着烹饪事业又好又快的发展，烹饪技法已不只是“菜谱的附属物”，而是一个独立的研究领域。人们欣喜地看到，关于烹饪技法的实践交流、理论研究和培训活动越来越多，也越来越受到人们的欢迎。

可以预见的是，为了进一步实现烹饪技法的体系化、规范化、标准化，对烹饪技法的性质、定义、分类、释义、选择等，将会有更多的有志之士参与研究和探索，并将取得前所未有的成果，更好地服务于人类的美食和健康事业。

目录 Contents

烤

提及烹调技法里的烤，很容易让人联想到街头巷尾的青烟袅袅、炭火红红，烤羊肉串，烤鱼、烤虾、烤泥鳅、烤鸡架……

随着饮食卫生和环保工作的不断加强，烤制烹调正越来越多地登堂入室。与此同时，烤制设备不断更新，烤制技法也不断增多：

明炉烤：把原料放在敞口的烤具上，用明火直接烤熟。明炉烤包括：叉烤——用特制的烤叉叉住原料，置于火上烤制。例如，烤乳猪。挂炉烤——用特制的烤钩将原料挂起来，放到敞口的烤具里烤熟。例如，挂炉烤鸭。炙子烤——用特制的烤肉炙子盛装原料，放到敞口的烤具里烤。例如，烤肉干。

暗炉烤：把原料挂到烤钩上或放到烤盘里，送进封闭的烤炉或烤箱里，利用辐射热能把原料烤熟。例如，焖炉烤鸭、烤鹿肉串。

面烤：把原料用玻璃纸或荷叶包好后，再用面团包起封严，放入烤箱烤熟。例如，富贵鸡、烤花篮鳜鱼。面烤是泥烤的演进。泥烤技法需备特用的土，也较费工，除“叫化鸡”等传统名菜仍用原始的泥烤技法外，大都以面烤技法代替。

铁板烤：把调味后的原料放在特制的热铁板上烤熟。例如，忽必烈烤肉，把调味后的原料上浆，用竹签穿起来，先炸制，然后放到加盖的热铁板上保温成菜。再如，铁板串烧三鲜，先将原料爆制，带适量的汁放到热铁板上保温成菜。

各式烤法，各具特色：明炉烤制的菜肴，色泽大红，油润，皮酥肉嫩，香味浓郁，美观大方；暗炉烤制的菜肴，色泽深黄泛红，口味复合，外干内嫩；面烤的菜肴，香气扑鼻，酥焓鲜嫩；铁板烤菜肴，滑嫩鲜香，葱辣诱口。不同的烤法和特色，凸现了烤制菜肴的独特风味：外部干香酥脆，内部鲜嫩味美，形状整齐，色泽美观。

烤制菜肴深受人们的青睐。烤制原料由少到多，已不限于动物性原料，也有马铃薯、红薯等植物性原料，就连本已是熟食品的香肠也要烤后再吃——烤香肠。烤制的方式也由少到多，不只是利用柴草、木炭等可燃气体，还广泛应用电烤炉、电烤箱、电烤槽等烤制设备。

人们得益于烤制技法的沿用和创新。清代流行烤鸭、烤乳猪；明代有了烤蛤蜊；唐代出现烤虾；汉代开始烤肉串……烤制技法可一直上溯到人类懂得用火熟食时期。考古发现，“北京人”遗址有火中烤食后的动物骨骼。烤，是人类告别茹毛饮血生活之后，最早发明的烹饪方法之一。

烹饪古籍还记录了将原料移至火焰之外的烤法，古人称之为“炙”。选一块平面大石头，放到树杈之间，再把树杈燃起火，把大石头烧透，然后把兽肉放到石头上，由石头散发的热量将肉烤熟。这种烤制技法，被后人称为“石头烤”，“石烹法”。

在烹饪科技高速发展的当今时代，人们仍难以割舍“石烹法”的天然古趣，一些地区仍在沿用“石头烤”。在古城西安，人们现在仍能吃到直接在石头上烤熟的“石子馍”。

由此可见，烹调技法也很讲究古为今用。

烤制技法菜例

烤羊肉串

原料

羊肉(以里脊肉、后腿肉为佳)750克，酱油100克，花椒粉8克，辣椒粉5克，孜然粉5克，盐5克，味精5克，香油50克。

制法

将羊肉洗净，用刀切成直径5厘米、厚度约0.6厘米的圆片，共切70片。取不锈钢扦子10根，每根串上7片肉。串时，左手捏住肉片，如同缝衣走针，用扦子串住，使肉片在烤制时不易脱落。

酱油放入碗内，加入味精2克，搅拌均匀，成为味汁。

花椒粉、辣椒粉、孜然粉、盐、味精3克，放在碗内拌匀，即成为椒盐料。

把串好羊肉片的扦子放在长方形火炉上烤制，炉内的炭火不能冒起火苗。随烤随刷上酱油味汁(每次烤要刷两遍)，并撒上一些椒盐。烤约3分钟，见肉块呈酱黄色时，再用同样方法、同样时间烤肉串的背面。最后，两面均已上色、熟透，再将两面都刷上香油，即可连扦放入盘内，上桌。

特点

脆酥软嫩，香气浓郁，肥而不腻。

炒

自我介绍职业时，有时能听到这样一句也算很到位的话：“炒菜的”。这是厨师的又一个别称。

厨师也称“炒菜的”，可炒的未必都是菜。炒制技法，也用于主食加工：炒饭、炒米、炒面、炒面片，还用于炒货加工：炒瓜子、炒花生、糖炒栗子。

厨师也称“炒菜的”，可厨师制作的菜未必都是炒的。“四菜一汤”的“汤”，采用的技法或熬或炖或煮或氽，不是炒。北京著名小吃“炒肝”，其实也不是“炒”出来的，《燕京小食品杂咏》说，“名为炒肝实则烩猪肠耳。”

可见，“炒菜”也泛指“作菜”。“炒菜的”成了“作菜的”，“作菜的”也就成了职业厨师的代名词。

炒，是长期使用的烹调技法之一。北魏《齐民要术》中便有“炒”的用法。到了宋代，炒制技法已被广泛应用。

采用炒制技法，火要旺，油要热，勺（锅）要滑，动作要快——炒到七八成熟时盛出，让食物在自身的余热中熟透。

炒，不仅仅是变生为熟，最令人叹为观止的，是通过加入五花八门的调味料，再辅之以控制火候的技巧，把原本单调的东西，炒成令人垂涎三尺的美食。炒制技法多种多样：

生炒：所用主料，无论是植物性的，还是动物性的，都必须是生的——生炒面，生炒肉丝。

熟炒：已经制熟的原料，再来个“回锅”一炒——炒回锅肉。

滑炒：主料上浆后，用五六成温油滑散，断生，再入锅速炒——滑炒驼峰丝。

清炒：通常只用主料， 不用配料，也不用淀粉勾芡——清炒豆腐。

干炒：用少量油把原料内部的水分炒干，再加入调料炒制——干炒豆芽。

抓炒：主料抓糊，经温油滑过，再用葱、姜、蒜等炝锅之后，下锅翻炒——抓炒大虾。

软炒：牛奶等液体原料加蛋清搅成糊状，茸泥等固体原料用清汤等搅成糊状，再炒成粥状——软炒豆腐。

爆炒：将主料剞上花刀，沸水焯，油锅炸，再烹汁炒——爆炒肉丁。

烩炒：主料、配料、荤料、素料等多种原料， 混合在一起炒——烩炒凤肝。

炒制菜肴，旺火速成。所以，需要掌握“看火”技术。旺火，火力强而集中，火焰高而稳定，呈黄白色，光度明亮。火旺油热之际，要适时把炒勺端离灶口，加入少许凉油，防止炒老变焦、原料糊底、产生异味、色泽变坏。

谈及炒制技法，炒糖色值得特别一提。一些刚上灶的厨师炒糖色炒出了难闻的焦糊味和苦味，影响菜肴口味。对此，名厨高手总是强调炒火候的极端重要：炒糖色要用慢火，让糖在慢慢溶化中蒸发水分并焦化，从而产生令人愉快的焦糖气味，达到糖色的质量要求。

炒，是最基本的烹饪技法，也是应用范围最广的烹饪技法。炒制菜肴芡汁少，滑嫩柔软，清脆爽口。“炒菜的”说，炒菜很奇炒，火候最重要。

炒制技法菜例

炒里脊丝

原料

猪里脊肉200克，蒲菜30克，冬笋30克，蒜苗50克，精盐3

克，料酒10克，鸡蛋清1个，湿淀粉30克，清汤200克，葱姜丝3克，白油600克(约耗50克)。

制法

将里脊肉片成薄片，再切成长7厘米、粗2毫米的丝，放入碗内，加精盐、鸡蛋清、湿淀粉，抓匀养好，待用。

蒲菜与冬笋均切成长4厘米的细丝，用沸水焯过；粗蒜苗一劈两半，切长4厘米的段。

炒锅内放入白油，中火烧至五成热，将里脊丝下入油内，用铁筷子拨散，滑至发白时捞出。炒锅内留底油，放入葱姜丝，炸出香味，放入蒲菜、冬笋、里脊丝、清汤、料酒、精盐，搅炒，然后再放入蒜苗，颠翻搅匀，出锅装盘。

特点

色白滑嫩，略有汤汁，配料清鲜，适口不腻。

炝

在一些饭店的餐厅里，设有专柜——专卖“炝拌菜”。

其实，“炝”和“拌”，在烹饪技法里并不是一码事。炝是炝，拌是拌，它们之间至少有三点不同：

一是风味不同。炝制菜肴，原料经水烫或过油后，趁热加入调好的味汁，通过翻炒或翻拌，制成菜肴。炝是热料热拌，调料趁热炝入原料肌里；拌则大多是冷料冷拌，调料味浮于原料表面。炝制菜肴与拌制菜肴，具有不同的风味。

二是用料不同。炝制菜肴选料较为精细，多用新鲜脆嫩、易热易熟的原料，如猪腰、鱿鱼、虾仁、芹菜、冬笋、嫩鸡肉等，一般不腌味。炝制菜肴大都使用辣椒油、花椒油、胡椒粉等调味料，调味料与原料热炝而成；拌制菜肴用料相对广泛，多用酱油、醋、麻油等调味料，直接与原料凉拌而成。

三是问世时间不同。炝，是在炒和拌之后出现的一种烹饪技法，它介于炒、拌两种烹饪技法之间。烹饪古籍关于炝制菜肴的记载，有炝茭菜、炝冬笋、炝松菌、炝虾等，最早见于清代的《调鼎集》，而炒和拌早在北魏的《齐民要术》中已有记载。

目前，炝制烹饪技法在各地广泛应用，但有的厨师并没完全掌握，只是沸水一焯，然后开拌。其实，做好炝菜起码要掌握两种烹饪技法：

一是水焯炝。将生原料放入沸水锅中焯一下，焯的时间根据原料的性质、大小、厚薄和颜色变化来确定。焯好的原料捞出后用冷开水投凉，沥干，放入调味料，拌匀。水焯炝的菜肴，吃起来脆嫩、清口、鲜香。例如，炝黄豆芽、清炝莴笋、素炝豆角。

二是油滑炝。将质地鲜嫩的动物性原料切成丝或片，上轻浆，用温油滑至断生，沥去油，用沸水烫一下，再用冷开水过凉，加调味料，拌匀。这样炝制的菜肴，有炝虾仁、炝海蜇丝等。炝制菜肴还可以把植物油加热，投入主料速熟，再加入调味品，快速翻炒，使汤汁沾裹主料入味。例如，炝凤鸡丝、炝荔枝肫、炝茄夹。

炝制菜肴需使用具有较强挥发性物质的调味品，把其中特有的味道炝入主料。在炝制菜肴的调味品当中，最受推崇的当数“三椒”：辣椒油、花椒油、胡椒粉。

“三椒腰片”，便是炝制菜肴的代表菜。这道菜选用去掉腰筋的生猪腰，斜刀片成薄片，滚水烫至断生，捞出，拌入调味料：辣椒油、花椒油、胡椒粉、精盐、味精、绍酒、蒜茸、芝麻油。这道菜的调味料中突出了辣椒油、花椒油、胡椒粉的“三椒风味”。所以，人们给它起了个“三椒腰片”的菜名。

炝制菜肴，特点鲜明：脆嫩，清口，味透，鲜香不腻，冷热皆宜。

炝制菜肴，有荤有素：炝凤尾虾、炝蚶子、炝腰片、炝黄瓜条、炝白菜丝、炝茭白、炝芹菜……

炝制技法菜例

虾子炝芹菜

原料

净芹菜250克，虾子15克，玉兰片50克，盐3克，味精1.5克，鲜姜5克，植物油15克，花椒油25克。

制法

将择洗干净的芹菜顺中间劈开，切成长3厘米的段。玉兰片洗净，切成菱形小片。鲜姜刮皮洗净，切成细丝。虾子放入碗内，用清水漂洗，控干水分。

锅架火上，放入适量清水，用旺火烧开，下入芹菜段焯烫，见菜色转为碧绿，立即捞入冷水盆中降温保色。待芹菜冷却后捞出控水，放入盘中。玉兰片用开水焯至断生，捞出控水，放入芹菜盘中。

锅里放入植物油，烧至五六成热，下入虾子稍炸，离火，倒入芹菜盘中，再将姜丝放到芹菜里。

另用一个油锅架在火上，放入花椒油，用旺火烧至沸热，浇在芹菜上面，撒上盐和味精，静置片刻，味透菜内，即可上桌。

特点

色泽美观，清香味鲜。

拌

燕窝拌白菜丝，黄瓜拌五香鸡，虾米拌海蜇，凉拌莴笋、温拌芹菜……

拌，是问世很早的烹调技法之一。在《周礼》、《礼记》、《齐民要术》等烹饪古籍里，都有关于拌的记载：生食加调味，即是最初的拌。

古往今来，拌制菜肴，不断创新，品种繁多：

净拌、混拌、杂拌，是因为原料品种不同。

生拌、熟拌、生熟拌，是因为原料生熟不同。

凉拌、温拌、热拌，是因为拌制时的温度不同。

手拌、捶拌、清拌、烫拌，是因为拌制的技法不同。

看似简单的“一拌就是一个菜”，其实也是很有讲究的。由于原料、生熟、温度、技法的差别，不同的拌制菜肴，吃到嘴里，口味和口感都大不一样：生拌，生鲜本味，调汁香美；熟拌，有荤有素，荤的软绵香嫩，素的鲜脆滑爽；生熟拌，原料多样，口感混合……

历代厨师无不重视拌制技法的继承与创新，形成了拌制菜肴“五严”的质量要求：

严把原料关。拌制菜肴用料广泛，荤素皆宜。由于直接用调味料拌制，对原料的选择更为严格，必须保证质量。不宜生用的原料，必须进行熟处理。

严把加工关。为了便于拌制时入味，要把原料均匀地切成丝、片、条、丁、块等形状。有的还要在切后拍碎。

严把卫生关。原料要洗净。刀工处理时，要生熟分开，使用专用砧板。熟原料冷却时，要防止污染。

严把口味关。拌菜特别讲究调味，油、盐、酱、醋、糖、麻油、酱油、蒜泥、葱油、虾油、葱椒、芥末、辣椒糊、腐乳汁、芝麻酱、味精等调味料，品种要多样，用量要得当。生拌菜肴除生鲜本味外，还要通过调味料使其具有鲜香、爽口、刺激口腔的作用。

严把造型关。拌制菜肴通常是诸多菜肴中的开场菜，被称为“筵席的前奏曲”。拌制菜肴滋味比较稳定，不像热菜冷却后影响滋味，也不会因为宴会开场白时间长而影响口味和质量。有些拌制菜肴原料品种较多，要码摆整齐，颜色间差开，显得美观大方。提前制作拌制菜肴，能缓解烹制热菜时的紧张。

拌制菜肴往往离不开味精。拌菜时，直接往原料里撒味精的方法不可取。因为菜肴温度低，味精不能迅速溶解，不容易拌匀，也不能很快发挥出鲜味，所以最好用先用水把味精溶解，再拌入原料之中。

在拌制菜肴前，有经验的厨师还根据一些原料的特点，先用盐或糖码味，挤出汁水，再加入其他调味料拌制。

拌制菜肴经常用作冷盘，多数用于生吃、凉吃。

拌制菜肴特点突出：鲜嫩，凉爽，清淡，入味。

拌，是一种应用范围极广的烹饪技法。它还具有节省烹调时间的好处，即拌即食。

拌制技法菜例

凉拌豆腐

原料

去皮猪瘦肉丝、豆腐、绿豆芽各100克，鸡蛋1只，大青椒3个，番茄1只，葱、菜油各15克，姜25克，香油10克，花椒20粒，白糖20克，盐、蒜末、湿淀粉各少许。

制法

豆腐放入开水锅中，加盐少许煮2分钟，捞出后切成1厘米

厚的片，排在盘中。

鸡蛋打散，加入盐，下锅摊成皮后，切成丝。番茄用热水烫熟后，去皮，切成片，用糖渍匀。大青椒切成丝，在开水中稍烫捞出，拌入香油、盐。

将瘦肉丝炒一下，拌入香油、盐。

鸡蛋丝、番茄片、青辣椒丝、绿豆芽、瘦肉丝分别摆在盘子周围。

锅烧热，放菜油烧至六成热，下入花椒，炸糊后，捞出花椒，再下入葱、姜、蒜末，加入少许水，用少许湿淀粉勾芡后，淋在豆腐上。

特点

色彩鲜艳，清淡可口。

涮

涮羊肉，涮猪肝尖，涮蝴蝶片，涮九门头……美味佳肴，只需“一涮”！

顾客要想在饭店里涮出美味佳肴，也还是离不开厨师帮忙：

首先，厨师给顾客提供的肉类原料，必须是无骨无刺、无皮无筋、新鲜细嫩的净料。拿羊肉来说，有5个部位最好：上脑（肉质最嫩，瘦中有肥）、小三岔（五花肉）、大三岔（一头肥，一头瘦）、磨档（瘦中带一肥肉边）、黄瓜条（肉质较嫩，瘦肉上带点肥肉边）。据记载，北京东来顺涮羊肉经久不衰，一个重要原因，就是羊肉质量好。再加上味汁好，服务好，一直享有“涮肉何处寻，北京东来顺”的美誉。

其次，厨师切出的肉片，既要薄，又要匀，还得稍长一些。这样的肉片才便于用筷子夹着涮，在开水里一滚就熟。早在清代，北京正阳楼涮羊肉餐馆便切出了羊肉片的精品：“片薄如纸，无一不完整。”

第三，厨师要向餐厅服务员传授涮制技法，以便指导顾客掌握涮的火候和方法。锅里的汤水滚沸了才能涮，否则肉质不嫩。涮的时候还要来回晃动，涮熟之后才能吃。

第四，厨师还要为客人备好白菜、豆腐、粉丝等多种配料和精盐、味精、胡椒粉、辣椒油、芝麻油等多种调味料，以供顾客选用。

有了这些条件之后，顾客便可根据自己的需要涮食。原料生鲜，蘸汁多样，锅热汤滚，自涮自食，好吃又有趣。

涮，作为一种重要的烹饪技法，应该从何时算起呢？烹饪史告诉我们，涮法诞生于元代的兵荒马乱之中。

相传，元世祖忽必烈统帅大军南征时，经过一场激战后，人困马乏，饥肠辘辘。忽必烈吩咐部下杀羊烧火，烹制“清炖羊肉”。将士们正等着吃这道家乡佳肴时，突然接到报告：敌军大队人马追赶而来，距驻地仅有十里！饥饿难忍的忽必烈一面下令部队开拔，一面喊着“羊肉！羊肉！”这时，厨师急中生智，飞快地将羊肉切成薄片，放在沸水里涮，肉色一变，便捞入碗中，撒上细盐、葱花和姜末，以此代替“清炖羊肉”。忽必烈连吃好几碗这非常时期的“羊肉片”，夸奖这“羊肉片”虽非清炖，胜似清炖。战后，筹办庆功酒会时，忽必烈特意点了战时吃的那道“羊肉片”，并赐名“涮羊肉”。

从此，中国烹调多了一种技法——涮。

从此，中国菜谱多了一道名菜——涮羊肉。

从此，涮制技法广为流传。东南西北随处可见的“涮”，所用主料不同，涮食菜肴百花齐放：北京的涮羊肉，又称涮锅子，用料以羊肉为主；广东的打边炉，又称便炉、锅边炉，用料以虾、鱼、鸡、牛、猪肉为主；福建的涮九门头，又称米酒涮牛肉，主料是牛里脊和牛舌、肝、腰、心、脾、肚；江苏、上海、山东等地的菊花涮锅，主料虽是猪肉、肚、肝、鱿鱼、贝类，却因涮制之前向锅里投入一些白菊花瓣而得名……

涮制技法菜例

涮猪肝尖

原料

猪肝尖(即猪肝的下半部)、嫩茼蒿菜、粉丝各250克，酱油、麻油、芝麻酱、辣椒油、醋、酒、葱末、香菜末各少许。

制法

将猪肝尖切成两条，洗净血水，放入冰箱内略冻，便于冻硬切制薄片。

茼蒿菜择好洗净。粉丝放入热油锅中稍炸一下，快速捞起沥油。将酱油、麻油、芝麻酱、辣椒油、醋、酒、葱末、香菜末拌在一起，调成味汁，装入小碗，每人一个。

涮锅放在餐桌上，放入鲜汤或滚水，将切好的猪肝、茼蒿、粉丝分别装盘，放到桌上，然后点燃涮锅，见锅中汤滚，即可夹着肝片或其他原料入锅涮制，变色即熟。

根据各人的喜好，自行选择肝、菜、粉丝等原料，自行涮制。

涮好的菜肴，随即沾调味汁食用。

特点

有荤有素，鲜嫩可口。

扒

扒大乌参，是著名的谭家菜；扒原壳鲍鱼，是著名的鲁菜；扒海羊，是著名的清真菜；扒驼掌，是宁夏的传统菜；扒猪脸，是第一道获得菜肴专利的菜……

扒制菜肴，质地软烂，汤汁浓醇，菜汁融合，丰满滑润，光泽美观，大多使用高档原料，扒制前菜形整齐，扒制后菜形不乱，通常用作筵席的主菜。

扒制菜肴，多种多样：

由于炊具不同，常见的有勺扒、屉扒、砂锅扒。勺扒，原料面朝下摆在勺中，加热、勾芡，通过精准的大翻勺功夫，将原料整个翻过来，原料由面朝下变成面朝上，原形不变。屉扒，将原料装到盘或碗里，加入调味料，上屉蒸熟。砂锅扒，主料用纱布包住，与鸡腿、肘子等一起放进砂锅，用鸡骨、猪骨或竹箅垫底，加汤烧至入味后取出，整理菜肴形状，另起锅将原汤汁勾芡浇上。

由于原料初步熟处理的方法不同，通常有3种扒法。一是先蒸后扒：主料经煮或炸后放到碗里，加入配料、调料、汤汁，上笼蒸熟，用原汤汁扒制。例如，河南的扒窝鸭。二是先煎后扒：把主料两面煎黄之后，再扒制。例如，河北的煎扒青鱼头。三是熟料直扒：主料蒸熟后，直接扣入盘内，用蒸制时的原汤汁勾芡后浇上。例如，山东的扒雏鸡、浙江的扒八参。

由于调味料不同，形成了扒制菜肴的多种风味。河南的葱扒鱼唇、江苏的金葱扒鸭、清真菜的葱扒牛舌，都是用炸黄的大葱与主料一起扒制；黑龙江的五香扒鸭，青海、甘肃、新疆等地的生扒羊肉，都是用八角、花椒、肉桂等调味料与主料一同扒制；北京的奶油扒白蘑、河南的奶油扒广肚，则选用奶油浇汁扒制。厨师们巧用各种各样的调味料，使扒制菜肴飘逸浓郁的葱香、奶香、五味香。

由于菜肴成品色泽不同，又有白扒与红扒的区别。选用无色调味料扒制的菜肴为白扒。例如，清真菜的白扒鸡肚羊。选用有色调味料扒制的菜肴为红扒。例如，新疆的红扒羊肉。

由于料汁不同，还有无肉料扒和有肉料扒之分。无肉料扒，也叫汁扒——汁中无肉，菜肴多为红芡，芡汁宽余，熟烂入味，色泽深红；有肉料扒，汁中含有肉类，菜肴芡汁较紧、较浓，口味醇厚，荤素搭配，芡浓料鲜，咸香适口。

上述种种，足以说明，扒制技法多于变化。名厨高手娴熟掌握扒中之变，为人们提供造型美观、色香味美的各种扒制佳肴。古往今来，涌现出一代代扒菜大师，总结出很多扒菜的经验。

勺扒比屉扒好：勺扒易于入味，香透肌里，汁芡粘挂均匀，菜肴明亮美观，而屉扒菜肴采用蒙汁的方法增加菜肴滋味，汁芡包裹不匀，不易入味。

必须用熟料：熟料已清除血污、杂质和腥膻等异味，成品菜的味美醇正，肥而不腻；熟料改刀后形状固定，宜于造型；熟料易于入味，还能缩短扒制的时间。

兼用多种技法：扒制菜肴之前，需采用多种烹调技法为之做好前期准备工作。例如，扒制蔬菜、瓜果类菜肴时，要先将原料焯透，去除苦涩味，减少水分，缩小体积，产生鲜香味；扒肘子，要先煮后炸再扒，才能收到满意的效果：胶质减少，肉质爽滑，不起皱纹，也不腻口。

扒制技法菜例

红扒鱼唇

原料

水发鱼唇600克，冬笋15克，水发冬菇15克，白油60克，清

汤500克，料酒20克，味精1克，酱油30克，葱姜片6克，精盐4克，湿淀粉30克，葱油20克。

制法

将鱼唇切成长4厘米、宽1厘米的条，在沸水中氽透，捞出沥干水分。

炒锅内放入清汤、精盐、料酒、酱油、鱼唇，在小火上煨透时捞出，整齐地摆在平盘内。

另起炒锅放入白油烧热，葱、姜炝锅，加入料酒、酱油、清汤、精盐、冬菇、冬笋，把鱼唇轻轻放入汤内，用小火再煨制入味时，加味精，用湿淀粉勾芡，淋入葱油，大翻勺，整齐地装入盘中。

特点

鱼唇软烂，色红汁亮，鲜香味醇。

煎

如果只用四个字来代表中国的烹饪技法，入选的应该是“煎炒烹炸”。著名笑星赵本山演的小品《十三香》里，有一句台词便是“煎炒烹炸味道美”。

煎、炒、烹、炸——第一个就是煎。可见，煎制技法是一种颇有代表性的烹饪技法。这种代表性由来已久。在烹饪古籍中，煎有多种含义，其中包括㸆、熬、煮、烧等技法。

据《齐民要术》记载，从北魏开始，煎专指“加工原料平摆锅中，用少量油使其加热至熟而成菜的烹调技法。”南宋的《山家清供》记录了“挂糊煎”，元代的《居家必用事类全集》记录了“七宝卷煎饼”；明代有了藏煎；清代出现酥煎、香煎；现代有了更为具体的分类：

干煎：将主料渍腌入味，用面粉、芡粉或鸡蛋沾匀，两面煎成金黄色。菜例：山东的干煎鱼，河南的干煎丸子。

糟煎：以糟腌制主料，然后煎制。菜例：河南煎糟鱼，江苏糟煎白鱼。

酒煎：以酒腌制主料，然后煎制。菜例：江西的酒煎鱼。

香煎：原料腌渍入味后，挂蛋粉糊，沾芝麻，再煎制。菜例：福建的香煎鳜鱼。

瓤煎：用夹、嵌等方法在原料中加入馅料，然后煎制。菜例：江苏的煎蟹盒，山东的煎肉盒，河南的煎高丽鸡饼。

酥煎：原料上浆，沾上面包屑或馒头屑，再煎制。菜例：山东的煎鳜鱼片。

水油煎：原料坯整齐地排入平锅内，先洒少量稀面水焖熟，水耗尽后，用油将一面煎成金黄色。菜例：北京的生煎馒头。

煎制，既是一种独立的烹饪技法，又是多种烹饪方法加热的第一步。有些菜肴的烹制，需先煎一煎，使菜肴外层蛋白质骤然凝固，形体挺实，不易破碎，清爽利落，形态美观，还可以去除腥膻等异味，增添油脂的香味。煎与其他烹饪技法配套应用时，总是以煎在先：

煎烹：煎熟的原料放入旺火热锅，加入调味汁进行烹制。菜例：煎烹猪肝，煎烹虾段。

煎焖：将煎过的原料放入锅内，加入调料、汤，小火慢焖，焖至汤汁将尽。菜例：煎焖香干。

煎烧：将主料剁茸，加入调料、鸡蛋、湿淀粉，搅匀上劲，挤成丸子，煎成圆饼形，投入汤、调料、酥料，烧制酥烂。菜例：煎烧面筋，煎烧黄鱼。

煎蒸：主料煎后加入辅料、调料，上屉蒸熟。菜例：煎蒸菜卷，煎蒸茄盒。

精通煎法的烹饪大师，对上述种种煎制技法熟知善用，还总结出煎制菜肴的诸多窍门：

要想菜肴外香里嫩，原味不变，色泽金黄，形状美观，营养素也少受损失，一定要慢火煎制。

要想易于翻勺和减少翻勺次数，菜肴不掉皮脱糊，形状整齐，色泽均匀，就不要在开始时急于翻勺，而应一次性将底面煎好。

要想让煎丸子柔和浑圆、造型美观、口感鲜嫩，而且利于翻转、缩短烹制时间，坯料推入手勺后，要用手将坯料逐个按扁。

要想让煎出的鸡蛋又黄又嫩，色味俱佳，在煎蛋将要成熟时，浇点凉开水。

煎制技法菜例

煎虾饼

原料

大虾肉200克，猪肥膘肉50克，净南荠30克，油菜心50克，

料酒20克，盐5克，味精1克，葱3克，姜3克，湿淀粉150克，鸡蛋清1个，清汤150克，葱油10克，白油50克。

制法

大虾肉、肥膘肉剁成细泥，加入蛋清、味精、精盐、净南荠、料酒、湿淀粉，调和均匀，搅成细茸泥。

炒锅内放入白油50克，烧热后端离火口，然后把虾肉泥挤成丸子排放在锅内，4个一行共摆4行。用小火煎上色，接着翻个，用手勺将丸子压扁，形状如饼，待颜色均匀时，倒入漏勺，控净余油。

炒锅内留底油，用葱、姜末煸锅，放入清汤、料酒和虾饼，用微火烊透，待汁快干时加味精，淋少许葱油，大翻勺，装盘。将油菜心用油、调料煸炒一下，放在虾饼周围。

特点

鲜嫩清香，味美爽口。

汆

汆鱼丸子，汆肉丸子，汆腰片汤，汆豆腐汤，汆鳝鱼段……汆制菜肴，或清脆，或柔嫩，都具有汤清、汤鲜、爽利适口的特点。

汆，是以沸水为传热介质，几滚即成。清汆，清澈见底；混汆，汤呈乳白色。袁枚在《随园食单》中说，配以鸡汤燕菜，往往以鸡汤夺其本味。汆制菜肴清汤沸水下料，撒上葱花，配以嫩绿菜心，晶莹乳白之中，有几片绿叶相衬，赏心悦目。

据说，秦始皇第一次品尝汆鱼丸后，喜形于色，当场冠之以"皇统天疆凤珠汆"的菜名。

据记载，康有为吃过徐州的汆鱼丸后，赞叹不已，挥笔写下一副对联："彭城鱼丸闻遐迩，声誉久驰越南北。"康有为笔下的"彭城"，也就是徐州。徐州是厨师祖师爷彭祖的故乡，因此，徐州也称"彭城"。

历代厨师不断总结汆制菜肴的经验教训，使这种烹调技法日臻完美。以汆制菜肴中难度较大的汆鱼丸为例，名厨高手这样提醒同行：

一、汆鱼丸不能炝锅。汆鱼丸的一大特点是汤汁澄清见底，口味清淡爽口，开胃解腻。如果炝锅，汤色就会浑浊不清，油腻过大，失去了汤清味鲜的风味。

二、氽鱼丸要温水下锅。水温高，汤水大滚，鱼丸下锅后，外起皱纹，内出蜂窝，外老里生，失鲜退嫩，外形、质量和风味都受影响。温水时鱼丸下锅，慢火温水浸至成熟，外表光滑，弹性强，鲜嫩，爽口，味美。

三、选用鱼茸弹性强的鱼种。鱼丸弹性好坏，是鉴别质量优劣的重要标志之一。要选用鱼茸弹性强的鱼，如白姑鱼、乌鳢、鲩鱼、黄鱼，而带鱼、鳗鱼则差一些。

四、朝一个方向搅拌鱼茸。在搅拌鱼茸时，应朝一个方向，不要逆转，以免破坏鱼茸网状结构的排列顺序，使丸子的弹性减少。

五、氽制时，加热时间不宜过长，丸子漂浮起来即可。

除了氽鱼丸，采用氽制技法，还可以制作多种菜肴。凡是小型原料在沸汤中快速致熟的，都属于氽制。

氽制菜肴，既可利用单一原料氽制，也可利用多种原料混氽；既可利用猪肚、牛肚领、鸡胗、海螺、海参、鲜贝、虾仁、禽畜等动物性原料的肉茸，又可利用竹笙、冬笋、北菇、鲜口蘑、蔬菜等各种植物性原料。

目前普遍采用的氽制技法，主要有两种：

清氽法：把主料投入沸水中，快速氽透，捞入汤碗内，另加新鲜清汤，调味后食用。菜例：河南的清汤氽什锦，杭州的西湖莼菜汤，四川的清汤腰花，陕西的墨鱼氽腰片，山东的清氽赤鳞鱼。

混氽法：先将清汤烧沸，再投入主料，汤沸料熟后，盛装食用。菜例：四川、河南、山东等地的氽丸子，江苏的莼菜氽鳢片，浙江的萝卜丝氽鲫鱼。

不管采用哪种汆制技法，都要在汆制之前把大型原料改成茸、丝、片或花刀块，以便快速成熟并成熟度一致。汆制时，原料一般不上浆，不挂糊。汆菜的调味，有的先码味，有的在汤中调味，还有的成菜后蘸调味料食用。

汆制技法，从清代开始有文字记载，但那时所使用的文字并不是“汆”，而是“撺”。例如，清撺鹿肉，清撺鹌子，撺香螺。后来，鉴于大多数地区的共识，根据文字表达的准确性和实用性，“汆”字取代了“撺”。

汆制技法菜例

清汆丸子

原料

猪瘦肉200克，青菜心50克，清汤500克，鸡蛋清1个，精盐2克，湿淀粉1克，料酒10克，味精1克，葱姜末5克，酱油少许。

制作

将猪肉剁成泥，放入碗内，加入清汤、鸡蛋清，顺一个方向搅匀上劲，再放入湿淀粉、葱姜末、精盐，继续向同一方向搅匀肉馅。

将青菜心切成3厘米长的段，用沸水焯过，放在汤盘内。

炒锅内放入清汤，旺火烧沸，把炒锅移到微火上，将肉馅挤成直径1.5厘米大的丸子，逐个下入汤内。中火烧沸后，撇去浮沫，再放入青菜心和酱油，继续撇净浮沫，加入料酒、味精，盛入汤盘内。

特点

汤清味美，丸子富有弹力，嫩香爽口。

蒸

清蒸大虾、粉蒸排骨、酿蒸辣椒、干蒸莲子，这4道菜代表了蒸制菜肴常用的技法：清蒸、粉蒸、酿蒸、干蒸。

清蒸：选用质地较嫩的原料，通过旺火沸水快速蒸至熟烂。清蒸还能细分出3种不同的技法：一是蒸后浇芡法，原料经加工、调味后，蒸熟，再浇淋清芡成菜。例如，江南百花鸡。二是蒸后浇汁法，原料不调味，只配葱叶、姜片等蒸熟后，浇淋无粉芡的红汁成菜。例如，蒸制咸水鱼。三是清汤蒸制法，原料经水氽透后，加入清汤、精盐等无色调味品蒸制成菜。例如，清蒸人参鸡。清蒸菜肴淡雅鲜丽，芡清料嫩，咸鲜味美。

粉蒸：选用质地老硬、体形大的原料，通过沸水长时间蒸至酥烂。粉蒸菜肴选用荤料，如牛肉、猪肉、鸡、鸭等，切成小块或厚片后，腌味上浆，粘上一层熟米粉，蒸制成菜。粉蒸菜肴糯香软炝，味醇适口。

酿蒸：选用质地较嫩、经过较细加工的原料，通过中小火沸水慢慢蒸熟。酿蒸菜肴需要塞馅，内中充实，外表美观。例如，酿蒸番茄、酿蒸南瓜。酿蒸菜肴外形美观，入口软嫩，味道鲜美。

干蒸：干蒸又称旱蒸，原料里不加汤水，直接蒸制。干蒸鲤鱼、旱蒸全鸡，都是干蒸的代表菜肴。也有的菜肴蒸熟后浇调味汁，或把原料码味后包裹起来蒸制——包蒸、裹蒸。面食普遍采用干蒸技法，火旺气足。甜菜也常用干蒸技法，制成干蒸莲子、干蒸山药。干蒸技法适用范围很广，是蒸制技法中最为常用的。

种种蒸法，都是利用蒸汽传热使原料成熟的一种烹饪技法。蒸制菜肴能避免主辅料、汁液、调味料中的芳香物质溶于汤内或挥发，既能保持原料本身的鲜美滋味，又能使调料入味，具有浓郁的香味。蒸制菜肴在屉内处于湿度饱和状态，质感柔软鲜嫩。

蒸制菜肴看似简单，其实也需要丰富的烹饪知识和经验积累，能正确鉴别各种肉质的老嫩，能准确掌握蒸制的火候和调味，能做到装屉科学合理：容易成熟的放在上层，不易成熟的放在下层，以便同时成熟；无色的放在上层，有色的放在下层，防止串色；无汁的放在上层，有汁的放在下层，防止汤汁溢出或倾翻影响无汁菜肴质量；甜味菜肴和咸味菜肴分开摆放，防止拿错；异味较重的羊肉或放入香辛佐料的菜肴，加盖密封，防止影响其他菜肴的口味。

蒸制烹饪技法至今已有5千多年的历史。它起源于陶器时代。最初的蒸器是陶甑。甑的底部有汽孔，蒸汽升入甑中将原料蒸熟。关于蒸的最早记载，见于《世本》，称黄帝创釜甑，“始蒸谷为饭。”北魏的《齐民要术》记载了蒸鸡、蒸羊、蒸鱼等技法；宋代增加了裹蒸、排蒸、糖蒸等技法；清代则出现了干蒸、粉蒸。如今，人们在继承传统蒸制技法的基础上不断创新，蒸制技法的受热方式、配料、调味等，都有了很多的变化；蒸制菜肴的用具，既有传统的甑、笼屉、箅，又有现代式的蒸箱、蒸柜……

蒸制技法，仍在蒸蒸日上!

蒸制技法菜例

粉蒸烤麸

原料

熟面筋250克，炒米粉100克，冬菇汤750克，花生油500克，酱油40克，白糖15克，八角、桂皮、料酒、味精、姜块各适量。

制法

将熟面筋顺纹路撕成长条，用水冲洗后挤干水分。姜块用刀拍松。

面筋条放入八成热的油锅中，炸至深黄色发脆时，捞出控净油。热锅上放少许油，加入冬菇汤、酱油、白糖、八角、桂皮、料酒、姜块、味精、面筋条，加锅盖烧开后，改用小火煮1小时左右，用铲推动面筋条，至锅里的汤汁全部收干，即成烤麸。

将炒米粉放入碗中，再把放入全部烤麸，拌匀，然后整齐地排在蒸碗里，上笼蒸30分钟，蒸至米粉涨发成熟时取出，翻扣装盘即成。

特点

色泽酱黄，香肥糯烂。

炖

猪肉炖粉条子，是一道很有世俗名声的东北菜。这个菜名，把原料、制法甚至成菜应该是个什么味道，都直观地摆在了食客的面前。这样的菜肴命名方式，一是一，二是二，不故弄玄想，简单明了。

继这道菜之后，东北人又推出一道非同凡响的创新菜，还是炖，还是用那样的方式给菜肴命名——“乱炖”。

这“乱炖”，集“炖”之大成，就是把能够拿到手的所有肉类和菜类，不分青红皂白，统统搁到一个大锅里，炖之！

这“乱炖”，肉借菜味，菜补汤味，汤进肉中，大家和平共处，互为补充，连肉带菜带汤一起盛进碗中，无论寒冬，不管酷暑，吃之！

炖制菜肴，汤菜合一，汤汁鲜浓，本味突出，滋味醇厚，质地酥软。

喜欢吃炖菜的，不只是东北人，几乎各地都有炖制的传统名菜：江苏的清炖狮子头、湖北的清炖义河蚶、江西的炖武山鸡……

炖，是最古老的烹饪技法之一。自从有了煮，炖便衍生而来。

可是，直到明代，炖制技法还没有明确的文字记载。这是因为，炖和煮有相近之处，在古代烹饪技法划分不细的情况下，炖长期被煮所代替。

随着烹饪的发展和社会的进化，古老的烹饪技法从粗糙走向精细。在乾隆时期的御膳房档案里，开始有了关于炖制菜肴的记载：冰糖炖燕窝，酒炖八宝鸭子，黄焖鸡肉炖面筋，羊肉炖冬瓜……

炖制菜肴使用最多的原料，是质地坚韧且需较长时间烹制的肉类。例如，猪肉、牛肉、羊肉、鸡肉、鸭肉、鹿肉。

在使用这些肉类原料时，红案厨师注重掌握以下要领：

一、原料需经水烫时，要烫透，把原料内部的血泌出。烫透的原料，用水洗净，以保证炖时汤汁清澈。

二、原料需先煸炒后炖时，要煸透、炒透，并在煸炒的过程中加入糖色、酱油等有色原料，以保证菜肴色泽纯正。

三、原料需先炸后炖时，既要炸透，又要控制好原料表面的颜色变化。根据需要，加入糖色或酱油，达到菜肴颜色红润的质量要求。

四、原料经挂糊、油炸，再炖时，挂糊要薄而匀，以保证炖时不“脱袍”。

五、炖品如是白色，要在菜肴接近成熟时才能加盐，防止加盐过早降低鲜味；炖品如是红色，在煸炒或过油前就要加足有色原料，以保证炖品着色。

六、采用“不隔水炖”的技法时，先用旺火烧滚，再转慢火炖制，一次加足汤，中途不揭盖，防止香气溢出。

七、采用“隔水炖”的技法时，用旺火，锅水始终处于沸腾状态，保证菜肴按时成熟。

“不隔水炖”，也叫“锅炖”，是直接把原料放到锅里，加入冷水、调料，大火烧滚，小火慢炖。例如，炖豆腐皮、清炖黄鳝。

“隔水炖”，又叫“碗炖”，是把原料放到有盖的深碗里，在碗里加入冷水和调料之后，盖好碗盖，再把碗放到加水的锅里，大火烧滚，小火慢炖，直到碗里的原料质烂汤浓。例如，肉末炖蛋、红炖牛肉。

炖制技法，根据调味料和成菜颜色不同，还可分为：不加有色调味料的清炖，加入有色调味料的浑炖。

炖制技法菜例

炖金银蹄

主料

火腿肘子1只约600克，鲜猪后蹄1只约800克，姜块15克，葱结20克，料酒5克，虾子5克。

制法

火腿肘子用微烫清水加食碱刷洗干净，再用清水洗2次，放清水中浸泡两小时取出，镊去毛，煨熟，脱骨待用。

猪后蹄剖开，去骨，镊去毛，在清水中刮洗干净，与骨头一起入沸水锅焯水洗净。

取砂锅1只，内放竹箅，将火腿骨与蹄子骨敲断，放入砂锅内，将蹄子皮朝下放入，加满清水，中火烧沸，撇去浮沫，放入葱姜、虾子、料酒，上压盖盘，盖上锅盖，焖约1小时，取出微晾。分别在两蹄的正反面剞刀排入碗内，上笼蒸约半小时取出，复入汤碗内，揭去扣碗。

炒锅上火，倒入原汤，烧沸，加入盐，盛入碗内即成。

特点

汤浓汁厚，猪蹄鲜香，火腿腊香。

煮

煮，是应用最为广泛的烹饪技法之一。

煮和熬、炖、卤、煲，虽然相近，却不相同。让我们从“蒸咸煮淡”这句谚语说起：

熬菜、炖菜、卤菜、煲汤，都要求加盐调味，有的还特别提示：“味咸”，“一次将盐加足”，以求“不咸不得味”，而煮却常常对此说“不”。煮法强调“煮淡”，还要汤宽、水多。饭店大都利用清水煮制。煮的原料也往往不按成菜的形状改刀，禽类整只，肉类大块，直接放到水里煮。例如：煮白鸡、煮肚、煮大肠、煮白肉。

煮，是成菜之前对原料进行初熟处理的过程。煮的时候，一般只加入酒、葱、姜等，以去除原料中的腥膻等异味。通常不再放入其他调料。

煮制技法，主要有三种：白煮、汤煮、卤煮。

白煮：白煮也称水煮、清煮。把原料或半成品直接放到清水中煮熟。煮时不加盐等调味品，有的加入料酒、葱、姜等，以去除异味。食用时把主料捞出，经刀工处理后装盘，将兑好的汁浇到上面。例如，北京的煮白肉片。也有的另备调味汁，蘸食。例如，广东的白云猪手。

汤煮：用汤煮熟原料。所用之汤，包括鸡汤、肉汤、白汤、清汤等。这些汤，或清鲜，或汁浓，与主料一起食用。例如，扬州的鸡汁煮干丝，开封的银煮肺，成都的生烧连锅汤。

卤煮：用卤汁或豆豉作调味料，把主料煮熟。例如，四川的夫妻肺片，河南的卤煮鸡鸭腰，北京的卤煮火烧。

煮制技法，也有的在汤水中加入酒或糟，称“酒煮”、“糟煮”；还有的先煎后煮。

直接煮制的菜肴虽然品种不多，但“不煮则已，一煮惊人”，几乎都有很高的知名度。例如，四川的水煮牛肉，福建的大煮干丝，北京的开水白菜。煮制菜肴的共同特点是：有汤有菜，汤宽汁浓，不经勾芡，口味清鲜。

煮制技法，主要担负菜肴原料初熟处理的重任，是无数精美菜肴的“幕后英雄”。同时，煮和烙一样，在面点制作中，简直是“舍我其谁”，大显神威：煮饺子、煮馄饨、煮元宵、煮面条……

煮，是古老的烹饪技法之一，与陶器同时出现。

先秦时期的羹、汤，都用煮法制作。周代“八珍”之一的“炮豚”，最后一道工序，便是在鼎中煮制。

宋代，煮法有了新发展，除“以活水煮之”的菜肴外，还有先以“水煮少熟”，再用“好酒煮”制菜肴的“酒煮法”。

古往今来，人们在长期应用煮制技法的实践中，创造和积累了很多经验，有的还成了简练通俗、含意深刻的谚语：

“千煮豆腐万滚鱼”，道出了豆腐和鱼要长时间煮制的烹饪技法，也常被借用，说明做事“功到自然成”的道理。

“煮饺子要水多，蒸包子要猛火。”说的是煮制食物要汤宽水多，也常被借用，说明“世事有区别”、“不能都‘一刀切’”。

“小菜煮在锅里，味道闻在外边。”讲出了美味佳肴在此一煮，还常被借用，说明“有麝自来香，不必随风扬”的道理。

煮制技法菜例

水煮牛肉

原料

黄牛肉250克，莴笋100克，鲜菜100克，郫县豆瓣50克，醪糟汁25克，湿淀粉25克，精盐2克，味精1克，干辣椒10克，花椒

20粒，葱100克，肉汤400克，菜油100克，酱油2.5克。

制法

将黄牛肉洗净，切成长5厘米、宽2.6厘米、厚0.3厘米的片。莴笋切骨牌片。葱切6.6厘米长的段。干辣椒、花椒在锅内炒至棕红色捞出，剁碎,待用。

将肉盛入碗内，加入精盐、湿淀粉、醪糟汁，拌匀。

炒锅置旺火上，油烧热，下葱段、莴笋、鲜菜，炒断生时起锅，放入碗底。

锅内再烧油，下豆瓣，炒出香味，加入肉汤，烧沸，下肉片，用筷子轻轻搅散，待肉片煮至伸展时，加精盐、酱油、味精，起锅盛入碗内，撒上剁碎的干辣椒、花椒，最后淋上六成热的熟菜油即成。

特点

麻辣味浓，滑嫩化渣。

烧

“烧的东西是最好吃的，烧是第一味，煮是第二味，炒是第三味。要想吃食物的原味，还是烧着吃好。”这段话，摘自1994年《人民日报》的一篇文章《烧是第一味》。文中还例举了烧玉米棒、烧花生、烧山芋。

也许是出于人们的喜爱，烧制食品确实很多：烧饼，烧鸡，红烧牛肉，白烧豆腐，干烧素鱼……

也许是出于人们对“第一味”的偏爱，原本不是烧制出来的食品，也在名称上加了个“烧”字。例如，烧饼、烧鸡。其实，烧饼和烧鸡都不是烧出来的。北京名小吃烧饼，是烤出来的；安徽名菜符离集烧鸡是卤出来的。这就如同“炒肝不是炒出来的”一样。

面对“名不符实”的烧饼和烧鸡，有必要对烧制技法进行一番探究。在烹饪技法中，烧的概念比较复杂。下面是烧制技法的演变过程：

烧，最初指食物原料直接放在火上烧烤成熟。这种直接加热成熟的烧制技法，最原始，延续的时间也最长。

南北朝时，人们把原料放到锅里，在锅底下加热，也称为烧。

宋代开始，有了汤汁烧法。

元代的《林云堂饮食制度集》，记录了烧猪脏、烧猪肉等菜例。

清代，烧制技法被广泛应用，《调鼎集》中记录了红烧、煎烧等烧制技法。

如今，烧制技法在《中国烹饪百科全书》中的解释是：“将经过初熟处理的原料加适当汤（或水）用旺火烧开，中、小火烧透入味，旺火收汁成菜。”人们除了偶尔享用“烧烤”土生土长的香味，更多的是感受烧制菜肴的“卤汁少而浓，口感软嫩而鲜香”。

烧制菜肴，按色泽分，有红烧、白烧；按风味分，有葱烧、酱烧、糟烧、奶汁烧、蚝油烧；按初熟处理技法分，有煸烧、煎烧、干烧、软烧。

目前，常用的烧制技法，主要有红烧、白烧、软烧、干烧、葱烧。

红烧：原料经焯水、过油、煎炒等处理后，借助深色或红色调味料，烧成金黄色或浅红色、棕红色、枣红色，勾入芡汁，收浓。色泽红润，汁宽芡浓，口味微甜。例如，山东的红烧肉，四川的红烧鱼唇，湖南的红烧寒菌。

白烧：原料经汽蒸、焯水等初步熟处理后，加入汤或水，再加入盐等无色调味料，勾薄芡。汤汁多为乳白色，清淡素雅，色泽鲜艳，口味鲜咸。例如，河南的烧二冬，江苏的白烧脊鱼，北京的烧素四宝。

软烧：原料经汽蒸、焯水等初熟处理后，加入有色调味料，煮制着色，再加汤烧制成菜。红润汁宽，鲜嫩柔软，或清淡，或味厚。例如，河南的软烧肚片，北京的软烧羊肉，山东的软烧豆腐。

干烧：原料经炸或煎并上色后，利用菜肴本身的水分或加入少量汤汁，中火慢烧，将汁自然收浓或见油不见汁。成菜时，汤汁全部渗入原料或裹附在原料上。色深透亮，味香鲜浓。例如，江苏的干烧紫鲍，四川的干烧岩鲤，河南的干烧冬笋。

葱烧：原料经焯水等初熟处理后，加入炸或炒过的葱段、煳葱油和其他调味料烧制。成菜油亮光滑，葱香浓郁。例如，北京的葱烧海参，山东的葱烧蹄筋。

烧制技法适用于多种原料。动物类原料，以质地坚韧、有筋性或柔软的原料为主。例如，牛肉、羊肉、猪肉，畜类动物的蹄筋，涨发的鱼肚、鱼翅、鲍鱼、海参等。植物类原料，大多利用冬菇、冬笋、蘑菇等。

采用烧制技法，一般要把原料改成块、段、条等形状。

烧制技法菜例

红烧鲍鱼

原料

罐头鲍鱼300克，冬笋30克，水发冬菇20克，清汤400克，料酒10克，酱油20克，葱姜片5克，湿淀粉20克，花椒油15克，白糖30克，味精1克，花椒水5克，白油50克。

制法

将鲍鱼两面打上直花刀，顺长切成1厘米宽的条。

冬笋切成片。

冬菇切成两半。

炒锅内放入白油，用葱姜炝锅，放入酱油、清汤，开起后，捞出葱、姜，再放入鲍鱼、冬笋、冬菇、料酒、白糖、花椒水，用小火烧至入味时，湿淀粉勾芡，放入味精，淋上花椒油即成。

特点

色泽红亮，汁浓鲜美。

炸

炸，是主要烹饪技法之一。

在清代以前，用沸水焯也称为炸。清代的翟灏在《通俗编·杂字》中，对炸进行了这样的解释："今以食物纳油及汤中，一沸而现曰炸。"如今的炸，专指油炸。《中国烹饪百科全书》给炸下的定义是："以多量食油旺火加热使原料成熟的烹调方法"。

炸，又称渫。渫，疏通的意思。油炸食物，即以油疏通食物。

炸，还称"油浴"。如唐代的"油浴饼"，让饼在油里洗个透澡。

炸制技法出现于青铜炊具诞生之后。周代"八珍"中的"炮豚"，便采用了炸制技法。

现在，用于炸制技法的烹饪原料十分丰富，炸制技法的应用也相当广泛。根据烹饪原料质地和操作工艺的不同，炸制技法主要有以下几种：

清炸。原料用调料渍拌后，投入旺火油锅中炸熟。清炸不挂糊，清炸的菜肴，外香酥、内熟嫩，清香扑鼻。例如，清炸鱼片，清炸里脊。

干炸。原料用调味料腌渍入味，再挂上干粉糊或其他糊，下油锅炸熟。干炸的菜肴，外层干香酥脆，里层鲜嫩清口。例如，干炸素肉，干炸小黄鱼。

软炸。原料用调料拌匀，再挂上鸡蛋、粉芡制成的稠糊，投入温油锅中炸熟。软炸的菜肴，色泽金黄，鲜香可口。例如，软炸冬瓜，软炸蹄子。

酥炸。原料蒸熟或煮熟后，外面挂上全蛋糊或不挂糊，放入热油锅里炸熟。酥炸的菜肴，香酥、松脆、肥糯可口。例如，酥炸豆腐，酥炸黄豆。

松炸。原料用料酒、精盐等调味料拌渍后，挂上蛋泡糊，投入温油锅里炸熟。松炸的菜肴，色泽淡黄，松脆软嫩。例如，松炸鲜蘑，松炸虾球。

脆炸。带皮原料表面挂上一层胎糖，经吹干后投入热锅炸制后，将锅离火，在油中浸熟。脆炸的菜肴，色泽深黄，皮脆，肉嫩，滑香。例如，脆炸黄瓜，脆炸青笋。

卷包炸。原料加调味料拌匀后，包上用其他原料制成的皮，再拖蛋粉糊，投入油锅炸熟。卷包炸的菜肴，色泽金黄，外酥脆，内鲜嫩。例如，炸银菜卷，裹炸豆腐。

粘料炸。原料加入料酒、精盐、姜末、胡椒粉等调味料，拌渍入味，剁成茸泥，制成丸子等形状，拍上一层面粉，放在蛋液中拖过，再粘上面包粉或芝麻、核桃仁、松子仁、花生仁等香脆原料，入油锅炸熟。粘料炸的菜肴，香、脆、鲜、嫩。例如，吉利丸子，粘炸猪排。

采用炸制技法，既能直接制作菜肴，又能为原料进行初熟处理。初熟处理，是按要求提前炸制，以备使用。例如，腰果、榄仁、核桃仁等原料，以不同的油温和时间炸酥、炸脆，制成半成品；红鸭元蹄、猪肉等原料，炸制后，加入汤和调味料，再采用蒸或煲等技法制成菜肴；大型宴席的一些炸制菜肴，要预先炸制一遍。摆50桌的宴席，每桌一道脆皮炸子鸡，数量多，体积大，需提前炸到六七成熟，临上席前再炸至火候要求的程度。

无论直接炸制菜肴还是对原料进行初熟处理，都要注意把握炸制的火候。小块原料，旺火快炸，防止炸焦；大块原料和干制后的原料，一般用小火慢炸，防止外焦内生；炸时适当翻动原料，炸至色泽均匀，防止焦疤或过老，有的还需要第一次炸后出锅，待原料表层结壳、油温回升，入锅再炸。

炸制技法菜例

炸脂盖

原料

羊五花肉300克，鸡蛋1个，湿淀粉100克，酱油20克，姜片30克，蒜片20克，葱段100克，花生油1公斤(约耗60克)，甜面酱50克，香油20克。

制法

将羊五花肉放入锅内煮5分钟，去净血水泡沫，捞出肉晾凉，切厚1厘米的大片，平放在盘内，加入酱油、葱、姜、蒜，上笼屉蒸约1.5小时，取出滗去汁，去掉葱、姜、蒜。鸡蛋磕入碗内，加湿淀粉，搅匀，成鸡蛋糊。

炒锅内放入花生油，在中火上烧至八成热时，将肉片沾满鸡蛋糊，下油内炸至九成熟捞出。待油温再升至九成热时，重将肉片投入油内炸至金黄色捞出，放在案板上切成斜方块，摆在平盘内。

甜面酱与香油合在一起，调匀，盛在1个碟内。葱白切3.3厘米长的段，与蒜片并摆在另1个碟内，同上餐桌。

特点

颜色金黄，皮酥肉烂以甜面酱、大葱等蘸食，别具风味。

烹

烹，也是一种烹饪技法。

“煎炒烹炸滋味美”。名师大厨经常利用烹法，烹出好滋味。

烹与煎、炒、炸等技法有诸多区别。就烹说烹，不如从烹饪说起……

在电脑键盘上按出个“烹”字，一不小心，还会带出个“饪”字。“烹饪”被电脑专家编入“烹”的第一个词组。“烹”和“饪”，关系最紧密。早在2700多年前，“烹饪”一词出现于儒家典籍《易经·鼎》：“以木巽火，烹饪也。”木，指燃料，巽指风。这话的意思是，鼎下的燃料随风起火，使鼎里的食物发生变化，变生食为熟食。可见，烹是煮的意思；饪是指食物熟了。《中国烹饪概论》还逐一记录了语言工具书对烹饪的解释：《辞源》说，烹饪就是“煮熟食物”；《辞海》说，烹饪就是“烹调食物”；《现代汉语词典》说，烹饪就是“做饭做菜”。

《中国烹饪百科全书》等烹饪工具书，为“烹”追根溯源：

烹制技法问世时，泛指烧、煮。《中国烹饪史略》专题介绍了最早的烹制技法——石烹法。把石块烧热，投入有食物的水中，至水沸食物熟为止。据考证，这种“石烹法”，是上古时代煮熟食物的惟一方法。

宋代至明代，食书中“烹”字渐多，其含义也越来越明确：烹是原料加热和调味的一道重要工序。例如，码味，油炸，烹汁。烹汁出现于宋代以后，是芡汁中极少不加淀粉的清芡，专门用于烹制菜肴。

清代末期，烹成为独立的烹饪技法。据记载，慈禧太后“六旬盛典”的寿宴中，便有一道名菜“烹鲜虾”。

如今，烹在继承传统烹饪技法的基础上不断创新，为人们烹制出各式各样的美味佳肴：烹掐菜粉，烹鲨鱼段，炸烹猪排，煎烹虾段，炒烹掐菜，醋烹豆芽、酒烹蕹菜……

烹制菜肴的特点是：外焦里嫩，略有汤汁，爽口不腻。

在一些烹饪赛事活动中，烹制菜肴频频亮相，且有不俗的反响。目前常用的烹制方法有：炸烹、煎烹、醋烹。

炸烹。主料码味，上一层薄浆或糊，放入油锅，旺火炸制，烹汁成菜。例如，浙江的炸烹螃蟹，北京的炸烹大虾，黑龙江的炸烹鸡托。也有的不上浆、不挂糊，直接炸制烹汁。例如，河南的干烹子鸡、烹汁十八块。烹制菜肴，一般采取先过油而后烹汁的技法。因此，厨行多了一说：“逢烹必炸”。

煎烹。原料煎后或半煎半炸后成菜。例如，河南的烹虾段，北京的煎烹鱼片。

醋烹。以醋为主要调味料。例如，河南的醋烹黄鱼，山东的醋烹对虾，山西的醋烹土豆丝。

人们习惯于说炒菜、炖菜、烧菜、熬菜，少有说“烹菜”的。但是，不能因此而忽视烹制技法的重要地位和作用。烹，是人们在长期实践中优选出来的烹饪技法，其操作要领，主要有三点：

小——使用小块原料。烹制前，把原料加工成小块或小段。

这样，加热制熟快，烹汁入味快。

准——芡汁口味调的准，数量找的准，烹汁时间抓的准。烹制技法使用的芡汁，是不加淀粉的清芡，在烹前调好口味，找准数量，烹汁后，盘内无汁或略有清汁。

快——动作快。以炸烹为例，原料经旺火热油炸熟之后，快速沥净油，快速泼上芡汁，利用高温使味汁大部分汽化，渗入原料，并快速收干。

烹制技法菜例

炸烹鸡托

原料

鸡脯肉200克，猪肥肉150克，冬笋、口蘑、黄瓜各20克，精盐、味精各2克，料酒、葱末、姜末、香油、湿淀粉各10克，花生油500克(约耗50克)，鸡蛋清50克，鸡汤30克。

制法

鸡脯肉片去外表老皮和筋，片成大抹刀片，放入碗中，加入精盐、味精、鸡蛋清、料酒、湿淀粉，抓匀浆好。

猪肥肉放入开水中煮5分钟，捞出过凉，切成圆形薄片。用刀背将鸡脯肉砸成细鸡泥，放入碗中。口蘑、冬笋、黄瓜切成碎末，放入鸡泥中，加入精盐、料酒、味精、香油、鸡蛋清、葱末、姜末，搅匀成馅。

将圆形肉片码在盘里，把鸡泥子均匀地抹在上面，把浆好的鸡片抹平，盖在鸡泥子上，按紧四周，即成一个个鸡托。

炒锅置火上，放入花生油烧至四五成热时，下入鸡托，用微火炸透后倒入漏勺，控净油。将鸡汤、精盐、料酒、味精放入碗中，调和成汁。炒锅再置火上，下入花生油烧热，倒入炸透的鸡托，烹入调和好的芡汁，翻匀后盛入盘中即成。

特点

色泽金黄，清腴不腻，咸鲜适口。

醉

酒醉螃蟹、酒醉鲜虾、酒醉嫩鸡、酒醉鸭肝、酒醉鹅掌、糟醉板栗、红糟醉鸡、 醉豆腐块……

这些菜名，采用主料与烹饪技法配合的菜肴命名方法，所以都有“醉”字。醉，又称酒醉、酒淹，也是一种烹饪技法。

对醉制菜肴，评说不一。笔者日前看到两篇相关的文章：一篇是“我与美食征文”《生吃“醉虾”第一回》，以生吃醉虾“令人胃口大开，乐而忘返”结尾；另一篇是《生食“醉虾”不科学》，认为生吃醉虾不卫生、不安全，“易患肝吸虫病”，“甚至可能引起肝功能衰竭而死亡”。把这两篇文章转给一位厨师朋友，他大发感慨：“醉制菜肴，可不能‘一半清醒一半醉’！”他的意思是，饮食卫生和饮食安全，都是大事，务必严把醉制菜肴的质量关，主要有三点：

一是原料。要选择新鲜的虾、蟹、鸡、鸭、贝类、蔬菜等原料。醉制菜肴所用的酒，应选用米酒、果酒、白酒或酒糟。

二是醉制时间。《生食“醉虾”不科学》一文写道：“有人习惯把活虾放到酒里蘸一下‘醉吃’，认为比较新鲜。”这当然不科学。仅仅“蘸一下”，起不到杀菌和去腥的作用。醉虾需要10分钟；醉蟹需要4～5天；醉鸡则需光鸡盐腌、蒸熟，再用酒糟醉4个小时左右。

三是醉制方式。酒醉：将酒浸入食物之中，杀菌去腥，再配合其他调味料腌制入味。糟醉：选用含酒的糟，用以醉制食物，食物含有酒香味。生醉：虾、蟹和贝类原料洗净后装进器皿，加入酒料醉制。例如，醉蚶、醉螺、醉蛎生、醉活虾。熟醉：原料加工成丝、片、条、块或整料，经熟处理后醉制。例如，先焯后醉的山东醉腰丝，先蒸后醉的福建醉冬笋，先煮后醉的天津醉鸭肝。

醉制菜肴，酒香浓郁，鲜爽适口，保持原料的本色本味。

醉制技法，出现于宋代。在江苏扬州，醉蟹的来历广为流传：宋代，扬州中堡庄一批运蟹的船，过长江时遇到狂风，抛锚江中数月，船上的螃蟹一批批死掉，靠卖蟹为生的渔民心痛不已。一位渔民不忍心看到欢蹦乱跳的螃蟹死掉、烂掉，便把奄奄一息的螃蟹放进船舱的米酒坛里。几天过后，风平浪静。渔民打开酒坛，蟹鲜酒香，扑鼻而来。渔民取出一尝，鲜美异常。蟹商也纷纷出高价争购。这一意外发现，很快传开。醉蟹技法不胫而走。清代通商大臣张謇将扬州盛产的醉蟹带到国外，还荣获了南洋物产交流会的金奖。

酒，外柔内刚；蟹，外刚内柔。醉蟹，柔中有刚，刚中有柔，是酒与蟹的完美结合。

醉，也是一种生理、心理、艺术的壮志。例如，李白的“醉诗”、怀素的“醉书”、武松的“醉拳”。

当醉被作为一种烹饪技法以后，醉制的美味佳肴广受好评。梁实秋在《雅舍谈吃》里多次赞美各地糟醉的菜肴：

“台湾糟熘鱼片固然好，糟鸭也是绝妙的一色冷荤。”

“儒林外史第十四回马二先生看见酒店柜台上盛着糟鸭，没钱买了吃，喉咙里咽唾沫。”

“北平稻香村的糟鸭蛋也很可口，都是靠了那一股糟味。”

“福州馆子里所做红糟的菜是有名的。红糟肉、红糟鱼，都是美味。”

“现在所要谈到是糟蒸鸭肝，是山东馆子的拿手菜。”

每每看到人们对醉制菜肴的喜爱之情，厨师们也有些陶醉了！

醉制技法菜例

醉蟹

原料

活螃蟹500克（形体适中），白酒50克，料酒50克，盐50克，花椒10克，姜片50克。

制法

将螃蟹洗净，沥去水，放入盐水盆中，浸泡去污，洗净泥沙杂物，取出，放入容器内，加入白酒浸泡。

锅里放入料酒、盐、花椒、姜片，加入清水，调匀，加热煮开，出味后冷却，即成料酒调味汁。

白酒浸过的螃蟹置于另一容器中，倒入料酒调味液，没过螃蟹，密封腌制，直到螃蟹入味溢香时，取出食用。腌渍时间至少两三天，腌渍时间长一些味道更好，一般以半个月左右为好。

特点

蟹肉鲜嫩，酒香浓郁。

熏

熏制技法，是将菜肴原料放到密封的容器里，利用没完全燃烧所生成的烟加热、入味，熏至成熟。

熏制技法多用于动物性原料、豆制品和蔬菜。熏制的肉类食物，既可作主菜料，又可作配菜料，还可以较长时间贮存，不变质。

熏制菜肴色泽深黄或老红，味香质嫩，散发特有的烟香气，别具一格。例如，烟熏鲳鱼，烟熏素鸡，烟熏香肠，烟熏排骨，熏双色肠，熏肉粉肠，熏豆腐干，熏豆腐卷……

熏，源于火熟时期。元代以前用丁贮藏食品。元代起用于制作菜肴半成品。清代开始成为独立的烹饪技法。

近年来，熏制食品的安全性引起人们的争议。有的说熏制食品含有砷、苯并芘、硫化物等有害物质，吃熏制食品有害健康；有的说熏制食品所含有害成分甚微，偶尔食用不足以构成危害；有的建议对熏制食品有害成分及其含量作进一步研究鉴定。

就在这时，一种新的调味汁——熏汁问世。熏汁是一种预先制成的有熏制食品风味的汁。江苏的五香熏鱼、浙江的绍酒熏鱼，便是用熏汁制成的。不用烟熏却有烟味！

目前，熏制技法主要用于三个方面：一是制作加工性原料。例如，湖南的腊肉，湖北的恩施熏肉、浙江的金华熏肉。二是熏制熟食品。例如，上海的熏鱼、熏蛋，辽宁的熏牛面叶，天津的糖熏野鸭，河南安阳的“三熏”：熏猪肚、熏口条、熏大肠。三是熏制菜肴。例如，安徽的熏鸭，上海的烟熏鲳鱼，四川的樟茶鸭子。

熏制菜肴，因原料生熟不同，有生熏、熟熏；因熏制设备不同，有缸熏（敞炉熏）、锅熏（封闭熏）、室熏（房熏）；因熏料不同，有锯末熏、松柏熏、茶叶熏、糖熏、米熏、樟叶熏、锅巴熏、甘蔗渣熏、混合料熏。

在餐饮企业，主要是生熏和熟熏。

生熏：用生原料熏制，熏后直接食用。例如，山东的生熏黄鱼，安徽的毛峰熏鲥鱼，上海的熏白鱼。也有生料熏后再经蒸、炸成菜的。

熟熏：原料经初步熟处理后再熏制。例如，浙江的茶叶熏鸡，江苏的松子熏肉。有些酱卤制品的熏制，常用缸熏法，大批加工时则用室熏法，在熏房里熏制。

对熏制菜肴，专家建议：一是熟熏之前，去掉原料表面的汤水，熏时易上色，熏后质量好；二是在高温下熏制，易上色入味；三是慢火密封熏，防止焦煳和烟香味流失；四是熏料宜用糖、茶叶、米，不宜用锯末、糠等非食用品；五是熏料的数量控制在最小的范围内；六是熏架上放些葱叶、蒜粒，“抵抗”烟味中的不利物质，增强原料的风味；七是尽量用小火，不要把熏料烧得过于焦煳，使烟香中少有焦煳气，多含糖香气、茶香气；八是严格控制熏制时间和温度，原料呈浅黄色为宜，因为熏成后在空气的作用下颜色还会加深；九是熏成后趁热擦干表面，减少其他物质对原料的渗透，并使原料表面洁净光亮。

熏制技法菜例

烟熏排骨

原料

猪排骨1000克，葱50克，五香粉0.5克，醪糟汁25克，花椒5克，姜25克，精盐7.5克，料酒0.5克，专用卤水1000克，香油5克，熟菜油1000克。

制法

将猪排骨斩去边尖不整齐部分，再斩成5厘米长的块，盛入

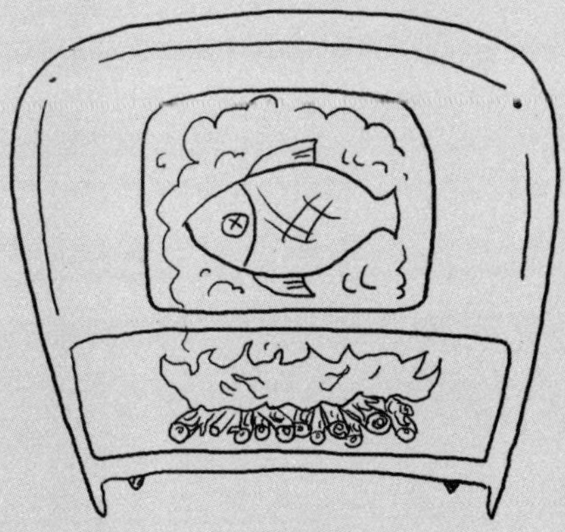

盆内，加料酒、精盐、五香粉、花椒、葱、姜(拍松)、醪糟汁，拌匀，上笼蒸至刚熟时取出，放入专用卤水中，卤至肉酥软，捞出晾凉。

将卤好的排骨放入热油锅中炸至金黄色捞出，平放在熏炉内，用鲜柏枝烟熏，熏至排骨两面有较浓的烟熏味时，盛入盘内，淋上香油即成。

特点

肉质酥松，烟香味美。

煨

煨八宝鸡、煨鳝鱼肚、煨猪蹄筋、煨黄豆汤、煨莲子汤……煨制菜肴，深受人们喜爱。

据烹饪专家调查，“熬法流行于民间，煲法流行于广东，煨法则四方通用。”宋代曾有人记下吃煨芋的美好感受：“深夜一炉火，浑家团栾坐。煨得芋头熟，天子不如我。”

煨芋，是把炉灶或火塘里没燃尽的柴火拢到一起，埋入芋艿，慢慢加热至熟。诸如此类，还有煨土豆、煨红薯、煨玉米棒、黄泥煨鸡等。这种自然古朴的煨制技法，被称为“火灰煨制”。

清代以后，煨制技法发生了变化：由“原料埋入火灰中加热成熟的方法”变为“原料放入锅中，加汤水，制成带汤汁菜肴的方法”。

如今，同是煨制，也技法多多：清煨，白煨，红煨，煎煨，汤煨，糟煨，酒煨……

煨制之前，通常要对烹饪原料进行炸、煎、煸、炒等先期加工，然后放入砂锅、陶罐、陶瓮或坛子里，加入充足的汤水，用旺火烧沸后，改成小火或微火加热。这样煨制出来的菜肴，软糯酥烂，汤汁宽而浓，口味鲜醇肥厚。

一道道煨制菜肴端上餐桌，食客们品评着，赞美着。可是，能说出“煨出来的”，往往不是很多。有的说是炖的，有的说是焖的，有的说是熬的、煲的……

食客们说的那些技法，都与煨相近或相似。食客中如果有职业厨师，那就不可人云亦云了。煨法，自有其特点和窍门：

一、珍品原料，用纱布包起来煨。由于珍贵烹饪原料来之不易，质高价贵，质地干硬，煨煮时间长。有经验的厨师更加精心处理，往往要用纱包裹起来，与辅料放到一起煨。这样，既能避免损失浪费，又便于主料与辅料分离，取出主料回勺烹制，还有利于主料原形不变，整齐美观，从而提高菜肴档次。

二、原料形状不要过于细小。煨制菜肴操作复杂，加热时间长，对成品菜肴还有“质地鲜嫩，酥烂入味，形状整齐”的要求。所以，在原料加工时，形状不要过于细小，防止加热时溶化、分解、破碎，甚至变成糊状，影响质量。

三、用慢火长时间加热。煨制菜肴的原料，形整体大，柴老干硬，质地艮韧，有的还异味较重。只有慢火长时间煨制，才能酥烂脱骨、形整不散，味透肌里，把原料中的蛋白质、脂肪等充分溶解于汤中，使汤汁变得稠浓。《随园食单》一书称，鲍鱼“火煨三日，才拆得碎”。可见，煨是加热时间最长的烹饪技法之一。

四、不必勾芡。煨制菜肴汤汁稠浓。一般情况下，给煨制菜肴勾芡，就显得“画蛇添足”了。

五、调味以盐为主。煨制菜肴既讲究酥烂入味，又强调原汁原味，也就没有必要添加过多的味。煨制菜肴的调味，以盐为主，更能看出“好厨师一摄盐”的功夫。

六、煨制乳白汤。先把水烧开，再把鸡放到锅里，汤虽滚开却不能开得太大，防止蒸发掉汤汁，甚至造成焦糊粘锅，汤味变劣。火候不足，汤汁虽然呈现乳白色，但颜色发暗，没有粘性，口感也差。火候，是煨制乳白汤的关键技术。先用中火煨20～30分钟后，再改成微火煨，始终保持水的沸腾振荡状态。这样煨制出来的乳白汤，既稠浓又漂亮，味道醇厚腴美。

煨制技法菜例

煨八宝鸡

原料

肥母鸡1只(约1500克)，熟火腿、水发冬菇、冬笋、水发白莲、水海参、酱油各50克，肥肉100克，葱、姜、冰糖各15克，虾米、料酒、香油、湿淀粉各25克，猪油75克，味精2克，胡椒粉少许。

制法

按整形去骨法去鸡骨鸡肉，保持鸡皮完整不破。去除鸡内脏，洗净。割下鸡肉切成小丁。鸡皮用料酒、盐、酱油稍腌。留下50克鸡脯肉待用。肥肉、火腿、海参、虾米、冬笋、冬菇，切丁。留下8个大小一样的冬菇待用。

锅内加油烧至八成热，下鸡肉丁和其他配料，加入料酒、酱油、盐，煸炒一下，再加入白莲、味精、胡椒粉，拌匀，灌入鸡腹内，开口处用竹签扎好，放入垫有竹箅子的钵内，放水淹过的鸡，再放入酱油、料酒、冰糖、葱、拍松的姜，加盖，在旺火上烧开，撇去油沫，转用小火煨约两个小时，至皮酥肉烂。

将鸡脯肉50克剁成茸，用盐、淀粉、水调成鸡茸料，镶在8个枣菇上，上面用火腿点缀，入笼蒸熟。

食用时取出煨好的鸡，装深盘，两边摆冬菇。鸡汁入锅收浓，用湿淀粉勾芡，浇在鸡身上，淋香油即成。

特点

造型美观，味道鲜香。

泡

2004年四五月间，我国食品市场出现了一场泡菜风波：成都市的泡菜被查扣，彭州市的泡菜被查扣，中央电视台曝光的彭州市九尺镇泡菜作坊，“问题泡菜”被深埋销毁……

泡菜怎么了？问题出在哪里？泡菜还能吃吗？一时间，关于泡菜的各种疑问、调查和处理结果，纷纷见诸报端。在这里，我们对这些“问题泡菜”的烹饪技法作一些探究，想必有益于泡菜业吸取教训，重振雄风。

原来，“问题泡菜”的“问题”出在卤汁上：超标使用苯钾酸钠，利用工业盐腌渍，还喷上农药。

因为卤汁有问题，原本酸鲜脆嫩、清爽适口、解腻开胃的泡菜，变成了“问题菜”、“有毒菜”、“有害菜”，难怪各方谴责，舆论哗然。

泡菜的卤汁，是泡菜质量的关键之一。专门用于泡菜的卤汁，常见的有两种：一种是口味咸、鲜、辣，主要用料有盐、花椒、白酒、干辣椒、红糖，加水熬成，放到特制的泡菜坛里；一种是口味甜酸，主要用料有白糖、白醋、盐、香叶，加水熬成，浓度很高，放到特制的陶制盛器里。

这些卤汁，不仅要求盛器是“特制”的，还要求取泡菜时用干净的筷子夹，不能用手抓，不能带有油腻和其他不洁之物，否则极易变质。卤汁很是“洁身自好”。

制作泡菜，还需料好。白菜、萝卜、黄瓜等脆性蔬菜都可以泡制，泡制时必须保证原料干净，不能带入清洗时的生水，否则卤汁会变浑甚至变质。用于泡菜的菜，还要新鲜，含有较多的水分，保证脆嫩爽口的质感。

在烹饪行业，对泡菜的解释很简单：泡菜是以时鲜蔬菜为原料，投入经调制好的卤汁中，浸泡成菜。泡菜是泡出来的。

我国泡菜的历史，可以追溯到2000多年以前。

古往今来，各种各样的泡菜，归于两大类：一类是纯种乳酸发酵的泡菜，也就是用纯种乳酸菌发酵；一类是长周期盐渍后调味的拌型泡菜，有野生乳酸菌的参与。泡菜的乳酸发酵风味明显，酸味柔和，醇厚绵长。我国的泡菜，不仅受到国内消费者的欢迎，而且还“小菜变大菜”，走出了国门，在国际市场受宠。

经常出现在饭店餐桌上的泡菜，并非工业化生产出来的，而是厨师的作品：泡青菜头、泡芹菜心、泡胡萝卜、泡四季豆……

经常制作泡菜的厨师，越泡越有经验：第一次泡菜时，在熬制好的卤汁中加入一点老卤，能改善泡菜的口感。每次泡入新原料时，随之按比例添加作料。泡制菜肴的原料，大小一致，有利于同时泡“熟”。泡菜坛里的卤汁结白醭，点入白酒能补救。泡菜水严重溢出泡菜坛，出现这种“发缸”现象，赶快倒掉重来。

值得一提的是，如今出自厨师之手的泡菜，不仅有蔬菜、凉菜，还有与肉类配伍的泡菜、以泡菜为原料的热菜。例如，泡菜烧鲜笋、泡菜鲈鱼片、泡椒目子鱼、泡豇豆煸鲫鱼、酸萝卜老鸭汤……

泡菜已不只是昔日的“小菜一盘”。在2001年学林出版社出版的《天下美食》一书里，有篇《宋记新创泡菜馔》，讲述的是上海一家“宋记川菜火锅城”改为“宋记泡菜酒楼”的故事。

泡制技法菜例

泡雪里蕻

原料

雪里蕻2000克，老盐水1400克，盐150克，红糖30克，醪糟汁20克，干红辣椒50克，香料包1只。

制法

将雪里蕻洗净，去掉老茎、枯叶，晒至稍干，均匀地抹上盐，放入缸中，加缸盖，用石头压实，焖制1天，取出后沥干涩水。

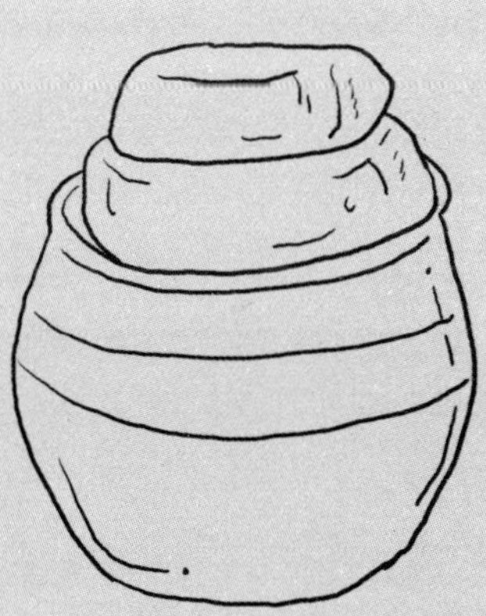

将红糖、醪糟汁、干红辣椒放入坛子里，拌匀，放入雪里蕻、香料包，用篾片卡紧，盖上坛盖，加入老盐水至坛沿。泡两天即成。

特点

色泽橙黄，咸甜鲜脆。

冻

炎炎夏日，拿过菜谱点凉菜。冰冻猪蹄、冰冻狗肉、冰冻西瓜……哇，一看这些菜名，就有“冰冻”的感觉，凉爽宜人！

冰冻菜肴，采用冻制技法加工而成。

冻制技法，是利用胶质冷却凝固原理制作菜肴。采用这种技法，可制作甜菜和小吃，主要是制作凉菜。

在古代，没有冷库、冰箱、冰柜等制冷设备，烹饪行业冻制技法主要是利用井水。《齐民要术》记载了冰冻猪蹄的制法：将猪蹄煮至熟烂，以物包裹压吊水井里，清凉的井水使其凝固后，晶莹透明，酷似水晶。古人便将这种冻制技法称为“水晶法”，俗称“冻子活”。

“冻子活，要求高，不经师，难做好。” 很多厨师都有这样的体会。他们勤学苦练，不断提高冷冻技术水平。

为什么生猪肉皮要先焯一下再制冻？因为生猪肉皮先焯一下，肥膘肉变得松软柔烂，易于刮净，清除油脂。制冻时，汤清浮沫少，冻汁澄清度高，还能去除猪肉皮的异味，缩短制冻时间。

为什么制作鸡、鱼冻时要加入适量猪肉皮？因为鸡、鱼溶胶少，不易凝固，成品的冻力小，弹性差，加入含有丰富胶元蛋白的猪肉皮，溶胶多，凝结快，能提高鸡、鱼冻的冻力和弹性，滋味更鲜美，风味更独特。

为什么制冻不能“荤素搭配”？因为动物胶体溶液煮制时间长，还含有脂肪、氨基酸等不宜与植物性原料凝结的成分，蔬菜、水果中的酶会使动物胶体溶液失去冷凝能力。杏仁豆腐、西瓜糕和各种果冻，都与荤无缘。制冻的“荤素搭配”，既不科学，也不实际。

为什么皮冻宜蒸不宜熬？因为蒸汽的最高温度可达150℃以上，高于沸水的100℃，蒸比熬耗时短，能加快制冻速度；蒸制时，皮料在容器内，汤的对流作用小，振荡力弱，胶质溶液澄清度高，肉皮的胶元蛋白能最大限度地溶出；蒸制还不易粘糊锅底，没有焦糊等异味。

回答诸如此类的“为什么”，靠的是一代代厨师的探索和实践。元代《居家必用事类全集》，便有用猪肉皮制冻的具体做法。

如今，餐饮企业常用的冻制技法主要有两种：一是直接利用主料丰富的胶质，经较长时间的蒸或熬煮，水解后，再冷却凝结。例如，江苏镇江的水晶肴蹄，民间常见的肉皮冻、鱼冻；二是在制冻过程中加入胶质添加料，可用猪肉皮、猪肉皮汤汁、琼脂、食用明胶等。例如，以猪肉皮为冻料的广东潮州冻肉、云南琥珀冻蹄；以琼脂、食用明胶为冻料的浙江冻鸭掌、上海冰冻水晶全鸭；还有甜味菜的西瓜冻、水晶菠萝、水晶荔枝等。

这两种冻制技法，操作要领不同：皮胶冻法，要将猪皮彻底治净，制冻前用滚水煮，刮净粘液、油脂，一般不放调味品；琼脂冻法，要掌握好干琼脂和水的用量比例。水不能过多，防止琼脂胶状不明显，成品冷却后不易凝结；水也不能过少，防止琼脂胶状过浓而出现的干裂、口感差。

冻制还很讲究成菜技法：皮冻成菜法，净皮成菜法，胶汤成菜法，花冻成菜法，盅碟冻成菜法……

成菜上桌，赏心悦目，软嫩滑韧，清凉爽利，入口即化。冻制菜肴，既是宴会的凉菜品种，又是夏季的时令菜肴。

冻制技法菜例

什锦果冻

原料

琼脂12克，白糖250克，罐头龙眼、荸荠、桃、梨、菠萝、杨梅、橘子共100克，红、黄、绿食用色素少许。

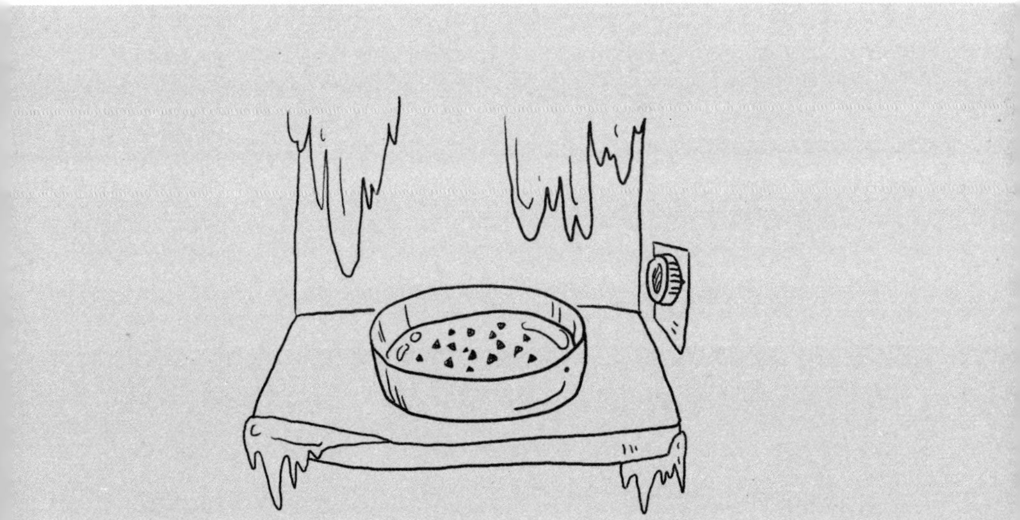

制法

将琼脂放入清水内迅速洗净。将罐头龙眼、荸荠、桃、梨、菠萝、杨梅均切成指甲片，橘子切成小瓣。

锅内加入清水500克，放入白糖烧沸溶化。锅内留糖汁400克，加入琼脂，在微火上熬化，加入各种罐头，调成冻汁，分别等份倒入3个瓷碗内，用食用色素调成红、黄、绿三种色。

取平瓷碗1只，先倒入红色冻汁，稍凉；又倒入绿色冻汁，稍凉；再倒入黄色冻汁。放入冰箱内使其凝固成果冻。

锅内放入余下的糖汁，收浓，端离火口晾凉，将果冻翻扣在大汤盘内，灌入糖汁即成。

特点

冻汁透明，甜味适度，清爽可口。

腌

腌制的菜肴，人们再熟悉不过了：腌白菜，腌萝卜，腌雪里蕻，腌生姜丝，腌肉，腌鱼……

不就是原料加咸盐吗？有人对腌制菜肴不屑一顾。其实，并非这么简单。腌制技法多种多样：

盐腌——有两种腌制技法：只用食盐腌制的盐腌渍法；以食盐为主的加料腌渍法。在具体操作时，又分为两种技法：加水腌——盐水浸泡法；不加水腌——干盐抹擦法。用食盐直接腌制的白菜、萝卜、芹菜、酸菜，可以直接食用。盐腌还是其他腌制技法的第一道工序。盐腌是最基本、最常用、最常见的腌制技法。

糟腌——以香糟卤和精盐为土要调味料的腌制技法。糟腌多用于鸡、鸭等禽类原料。原料制熟后，放到糟卤中浸渍入味成菜。例如，糟腌黄瓜、红糟鸡。

酱腌——将原料用酱油、黄酱等浸渍的腌制技法。酱腌技法，多用于菜头、青瓜等新鲜蔬菜。

醉腌——用酒、食盐或酱油等调制成酒卤，把原料放到酒卤里浸泡，腌渍入味。醉腌菜肴鲜嫩爽口，有一种醇厚的酒香，风味独特，还能延长成菜保存时间。用盐腌制的为“白醉”，用酱油腌制的为“红醉”。醉腌菜肴，食用时不需加热。

醋腌——以白醋、精盐为主要调味料的腌制技法。例如，酸辣椒、酸姜。

糖醋腌——以白糖、白醋为主要调味料的腌制技法。例如，辣白菜、珊瑚瓜卷、糖醋青瓜条。

码味——在鸡、鸭、鱼等动物性原料烹制之前，用盐、酱油、料酒等调味料抹擦表面、腔膛，腌制入味。

从上述腌制技法中可以看出，很多腌制品，并不是食盐“单打独斗”，还要加入各种的调味料。腌制技法是以食盐为主要调味料，经静置入味的烹饪技法。食盐的浓度，因季节不同而增减。以咸菜为例，冬季气温低时，微生物不易繁殖，2%～3%的浓度就可以；在气温上升，微生物容易繁殖的春季，4%～5%为宜；在气温高的夏季，微生物繁殖旺盛，则要达到8%～10%。

腌法种种，有的能去除原料的异味；有的能使原料更鲜嫩清脆；有的能产生一种芳香物质，使菜肴具有独特的香气和鲜味；有的能增强味觉感受，刺激食欲；有的能抑制微生物滋长，比鲜品更耐贮存。

腌法种种，有的整腌，例如，鸡、鸭等禽类；有的碎腌，将原料改刀，变成条、块、丁、丝、片；有的还需干制，成为干性腌制品，例如，鲞、霉干菜、风鸡、板鸭、火腿。

腌法种种，所需的腌制时间也不一样。由于原料质地、形体和成菜要求不同，腌制时间有长有短。例如，腌肉的时间要长一些。肉块厚大，肉皮和肉筋组织细密，盐分不易快速渗透，腌制时间长一些，才能味透肌里，色泽一致。盐分子的运动，随着温度的升高而加速，从而导致渗透压加大，盐分子的扩散作用加强。因此，腌肉的时间大致是：夏天1至2天，春秋季节3天，冬天7天左右。

腌制技法菜例

酸辣白菜

原料

大白菜1000克，盐30克，糖450克，酱油25克，醋100克，姜丝25克，花椒10克，干红小辣椒10只，植物油100克。

制法

将大白菜剥去老帮，只取细嫩的菜心，洗净，切成长4厘米、宽1厘米的条，放入容器内，加盐拌匀，腌约5个小时，见菜渗出水分，取出，用清水漂洗干净，挤干水分，放入盘内。将红

辣椒去籽、洗净，切成细丝。

碗里放入糖、醋、酱油，搅匀搅化，调成酸甜味汁后倒入白菜盘中，同时撒上一半的辣椒丝和全部姜丝。

锅置火上，放入植物油，烧至六七成热时，下入花椒和另一半辣椒丝，炸得老些，出色出味。

见花椒、辣椒丝均已炸酥、油呈红色时，捞出花椒、辣椒丝不要，将热辣椒油浇在大白菜上面，迅速用大盘扣紧，进行腌渍，一般腌20～30分钟，使油和味汁全部渗透白菜，入味即成。

特点

质感脆嫩，鲜辣爽口。

酱

酱，有豆酱、面酱、蚕豆酱三大类，是一种咸味调味品。自从宋代有了“酱蟹”这道菜肴之后，酱又成为一种烹饪技法——酱制技法。

酱制技法，多种多样。有的用甜酱、盐、酒、花椒等将原料腌渍入味，经风干，再采用蒸、煮、煨等技法，制成酱蹄、酱鸡、酱鸭；有的将原料蒸熟，压干水分，放到酱油等调味品里浸泡，制成酱熟茄、酱麻菇；还有的把原料晒干，加入酱油、花椒等调味品，腌后再煮，制成酱油鸭。这些酱制技法和酱制菜肴，已被载入《调鼎集》、《食宪鸿秘》等烹饪古籍之中。

逐渐演变而来的现行酱法，在《中国烹饪百科全书》里有这样的解释：“用事先配制好的酱汁以中、小火将原料烧、煮至熟烂的烹调技法”。如今，酱制菜肴遍及各地，荤素兼备，各具特色。例如，荤菜中的北京月盛斋酱羊肉、太原六味斋酱猪肉、河北酱驴肉，素菜中的酱渍莴笋、酱渍豇豆、咸瓜皮酱……

根据酱制菜肴的原料，人们将酱制技法分为两类：

酱泡——把酱油放到锅里烧滚，加入葱、姜、八角等调味品，熬成酱汁，再把动物性原料放到酱汁里，停火，让酱汁慢慢渗到原料里，4～5小时后，将原料取出晾干，吃前再蒸熟、切块。例如，酱油嫩鸡、酱香牛肉。

酱腌——素菜原料进行刀工处理后，放到容器里；用酱、盐等调成酱汁；用酱汁腌渍素菜。例如，酱渍黄瓜、酱渍豆角。

在民间，有“酱卤”之说，说的是“酱”和“卤”在技法上相似，都很注重所用的汁——酱有酱汁，卤有卤汁。汁的口味、颜色、浓度等，都与菜肴质量关系极大。

下面介绍一种常用酱汁的用料：开水 5 000克，盐125克，酱油1000克，料酒500克，葱、姜各125克，花椒、八角、桂皮各75克，有的还加入糖色增色，有的则添加陈皮、甘草、草果、丁香、小茴香、豆蔻、砂仁等提味。

这个酱汁的用料里没有酱。这是因为，酱油取代酱，或加入糖色，这样酱制的菜肴，呈酱红色或紫褐色，更加鲜艳美观。

酱制菜肴的汁，不留陈汁，现用现调。在这一点上，酱汁与卤汁正好相反。卤汁是越老越好，特别推崇“百年老汤”。这是因为，酱汁里的酱油，属于发酵调味品，带有一定酸味，存放时容易变味，不像“老卤”易于保存。

酱制菜肴之前，先要调好汁。酱汁咸淡适宜，稀稠适度，色泽均匀。酱制的原料，在酱制之前用沸水烫一下，也称“汆汤”、“紧缩”，是酱制前的一道重要工序。沸水烫过之后，能清除原料中的血污和腥、膻、臊等异味，酱制时浮沫少，原料清爽利落。有些酱制原料，还需要在酱制前或酱制后进行过油处理。

酱制菜肴时，香料煮至透出香味后，放入原料，有利于酱制品滋味相同，味透肌里，色泽一致，鲜艳美观。酱汁，有的在加热时收干，装盘上桌，即食；也有的在菜肴成熟后，仍留一部分，熬浓，涂在菜肴表面，加重色泽，滑润适口，还不易风干和改变色泽。

酱制菜肴的火候也很重要，在酱汁沸腾时下料，用小火煮制，保持汤面微沸，及时撇出汤面上的浮沫，必要时还要翻动原料，掉换位置，保证成熟和上色一致。

酱制菜肴，无汁无芡，原汁原味，酱香浓郁，清香可口，既可热吃，又可凉吃。

酱制技法菜例

酱风味鸭

原料

当年光鸭1只(约1500克)，酱油、白糖、熟甜面酱各100克，

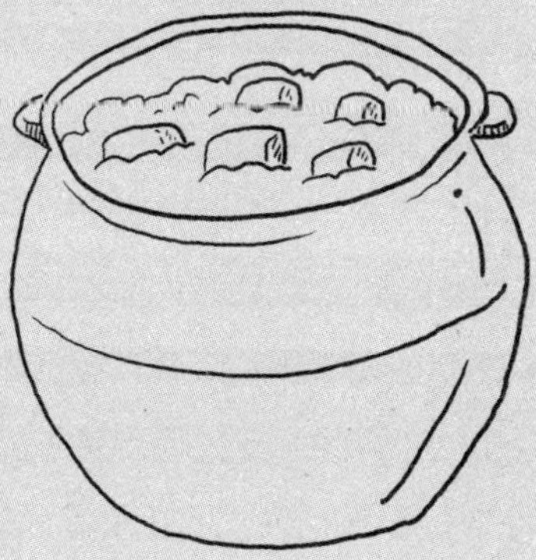

料酒50克，姜片10克，八角3克，麻油25克，葱适量，花生油1500克(约耗100克)。

制法

鸭子由腋下开刀，取出肠脏，洗净，揩干鸭身水分，用酱油抹遍鸭子全身。

炒锅上火，倒入花生油，烧至七成热时，放入鸭子，炸至金黄色捞起，放入砂锅，加入八角、糖、酱油、姜、葱、料酒及少许清水，上旺火烧沸，移小火焖透取出。

炒锅复上火，放入鸭卤、甜面酱、鸭子，烧沸，收稠卤汁，加麻油起锅，冷透后改刀装盘。

特点

色泽紫酱，肉实香浓。

卤

卤制菜肴，也称卤制品、卤菜、卤货。东西南北，卤货多多：北京的卤煮火烧，广州的卤水扎蹄，南京的盐水鸭，德州的扒鸡，开封的马豫兴桶子鸡……

卤，是源于先秦时期的一种烹饪技法。宋代的《梦粱录》，最先将“卤”字写入烹饪技法，还以卤虾为例，加以说明。清代的《随园食单》和《调鼎集》都有卤鸡、卤蛋等卤制菜肴的记载，还详尽记录了卤汁的配方和卤制的技法。如今，较大的饭店，一般都自备卤锅，自制卤货。

卤制菜肴经久不衰，主要有三个原因：一是具有醇厚浓郁的香味，滋味隽永，宜于下酒；二是既可热吃，又可凉吃；三是食用方便，易于携带，很适合用作快餐食品。

卤制菜肴用料广泛：猪、牛、羊、鸡、鸭、鹅及其脏杂，香菇、豆干、海带，各种野味、蛋类……

卤制技法，原料包容量很大，软硬荤素，均可在此一卤。不同原料同卤，互相“串味”，“你中有我，我中有你”，成菜口味更好。

卤制原料洗净之后，有的可以直接卤制，有的还要先腌一下，然后再卤制。

卤制是把原料放到卤汁里，加热入味，至熟或至烂。卤制是常用的一种烹饪技法。

卤制技法所用的卤汁，又叫卤水、卤汤、苏造汤。清宫御膳房称卤汁为苏造汤，凡用此汤卤制的食品均冠以“苏造”二字。例如，苏造肉、苏造肘子。

从宫廷御膳到民间饮食，都很注重卤汁。第一次制作卤汁时，要严格按照配方制作，用后妥善保管，以备继续使用。能继续使用的卤汁，被称为老卤。老卤，越老越好。据说，有的老卤已有上百年历史。人去卤在，源远流长……

东西南北中，卤汁各不同。由于地域差异，“南甜北咸，东辣西酸”，各地的卤汁，虽然都有“气味的香”和“口味的鲜”，但酸甜苦辣多有变化。同样是在四川，还有红卤汁和白卤汁的区别。红卤汁加糖和酱油，白卤汁则不加。就全国来说，卤汁配方分为两大类：南卤和北卤。不同的卤汁，根据各自风味需要，增减调味料的品种和数量。

卤制菜肴，人们首先在制作卤汁上求真，然后在卤制过程中务实：

恰当运用火候。卤制菜肴的原料，一般形体较大，加热时间长，原料放入卤锅后，先用旺火烧沸，再改小火煨煮。

投料讲究先后。为了保证卤锅里各种原料成熟适度，根据原料质地、形体、加热时间的不同，分次投料。例如，卤制大块牛肉、猪肉和整鸡，应牛肉先卤，猪肉次之，鸡再次之。

原料适时“倒锅”。为了原料受热均匀，入味一致，在卤制过程中适时“倒锅”，翻动和掉换原料的位置。

保证成品口感好、外观美。加入到卤汁里的香料，用纱布包起来，防止散入汤中和沾到卤制成品上，保证卤制菜肴口感好、外观美。

留存老卤。用过的卤汁，撇净浮在上面的油脂，用细布过滤，清除杂质，再烧滚、冷却，制成老卤。把老卤装到加盖的容器里，放在恒温冷库保管。

顺便提一句，卤汁过滤后，加入火腿汁、腌肉汁，可增加老卤的风味。

卤技法菜例

卤水扎蹄

原料

猪后肘一只（重750克），猪瘦肉500克，“糖冰肉”(猪肥肉加糖腌制而成)500克，盐5克，香油5克，调味料及“精卤水”适量。

制法

猪脚去趾甲，洗净，用刀从猪脚上膝处划开，直划至脚跟皮处，再从上膝处横割一刀，铲去脚内的骨、肉，剔出趾骨，只用其皮，用盐抹匀，放在容器内，腌约30分钟，取出，洗净，擦干。将“糖冰肉”和洗净的猪瘦肉各切成八块，每块长18厘米、宽5厘米、厚0.3厘米，用调味料腌渍。

将猪脚皮放在案板上，摊平抻开，上面放“糖冰肉”和瘦肉各一块，层层相加叠放。

将猪脚皮两边相对卷起，用水草扎牢，每隔3厘米扎一道，全部扎满，最后用两块长15厘米、宽5厘米的竹板夹上，再用绳把两端及中间扎牢，即成“扎水蹄”坯料。

沙锅置火上，放入“精卤水”1500克，加入等量清水，旺火烧开，下入“扎水蹄”坯料，改用小火卤煮半个多小时，取出，用竹签或铁针在各部位分别扎一些小孔，放回锅里，再卤煮1.5～2个小时，煮至皮肉酥烂，捞出，晾凉，拆去捆扎水草，每拆一道后，再用新水草扎上，防止拆草后散开，放入已冷却的卤水盆中浸泡，继续吸收卤汁滋味。

从卤汁盆中取出扎蹄，拆草，改刀，先竖切成为两半，再横切成厚约1厘米的片，码入盘内，浇入卤汁和香油即成。

特点

味道醇香，口感鲜美。

烙

在厨师祖师爷彭祖的故乡——徐州，有一首流传很久的民谣："一斤白面能烙三十三，薄如纸，轻如烟，点着能生火，吹口气能飞上天。"

为了押韵上口，民谣的"三十三"后面，省略了一个"张"字，可当地人一听，谁都明白：民谣里说的是烙馍。

这烙馍是够薄的，还有人用"薄如蝉翼"来形容。

据记载，徐州的烙馍，烙得如此之薄，最早是因为战争的需要。楚汉相争时，军中为了解决饼厚不易熟和不易保存的问题，创新面食制作技法，把饼烙的薄而又薄，烙馍成为重要的军用食品以后，既节省了战时制作食品的时间，又取得了食品耐存的效果。此法后来流传到百姓当中，沿用至今。

在烙馍出现之前，最早的烙法，是从"石上燔谷"演进而来的。《古史考》说："神农时民食谷，释米加烧石上而食之。"宋代开始，烹饪技法里有了"烙"字。元代出现水烙法。清代出现油烙法。现代的烙制技法，既有继承，又有创新，共为三种：干烙、油烙、水烙。

干烙：锅底既不加油，也不洒水，直接烙制。为了烙锅温度持久和均衡，有的在锅里加入石子，有的用双层或三层铛，并在铛的底部涂一层泥。干烙制品有包馅的，也有在烙制成形时加入油、盐的。干烙制品随处可见：河南的荷叶饼、山东的千层饼、山西的金银烙饼、浙江的肉蛋麦饼、安徽的黄豆肉粿。

油烙：有的烙前在锅底加入少量油；有的烙前在原料表面刷少量油；有的在烙制过程中，每翻动1～2次，往原料上刷一次油。油烙制品也很普及：河南的下稍饼、吉林的李连贵大饼、内蒙古的清油全锅饼，还有遍及各地的葱花油饼、家常糖饼、金糕饼。

水烙：只烙原料的一面，正如烹饪谚语所说“烙是一面煎”。烙制时，在锅最热的地方洒入少量水，盖上锅盖，将水烘干，烙至焦黄色，加入少许香油。水烙制品底部香脆，上部和边缘柔软。水烙法在南方和北方都很流行：河南有水烙馍、山东有馅饼、北京有蝴蝶卷、吉林有芝麻瓢子烧饼。

烙，是通过炊具干热使原料成熟的烹饪技法。所用的炊具，有专用的平底锅、铁板、铁锹、铁铲、石板，也可以用普通的铁锅。

烙制的加热方法，主要有两种：一是把炊具放到火上，原料放到炊具里烙熟；二是炊具烧热后离火，利用炊具所蓄积的热量烙熟。烙制技法很讲究火候：葱油饼、盘瓢饼、金糕饼等一般的饼类用中火；较厚的饼和包馅的饼用小火；较薄的单饼、荷叶饼用稍旺的火；烙馍等特薄的饼类则需“旺火速成”。

提到烹饪技法中的烙，人们立刻联想到烙饼、馅饼、锅烙等，没听说哪道菜肴是烙出来的。有人疑问：烙是制作面食的专用技法吗?

不。以干烙为例，干烙也称焙。焙制的菜肴，其实也就是烙出来的。将菜肴原料放到锅里，小火加热，用铲翻炒，去除原料中的水分，使其变干或变软，加入调味品，制熟出锅。整个过程，都是在烙。

烙制菜肴出锅以后，菜肴名称上却不见了“烙”字，而是以“焙”代“烙”：焙鸡肉松，松脆味美；焙四季豆，碧绿清香；酒醋焙鸡，咸鲜香酥。陕西西安的名菜“铁板烧”，甘肃西夏的名菜“石烤羊”，其实也并不是什么“烧”和“烤”，而是“烙”的呢！

烙制技法菜例

金银烙饼

原料

白面500克，水275克，食油20克，鸡蛋2个，精盐少许。

制法

将面粉放入盆内，一次倒足水，冬季用热水，夏季用温水，用木棒搅匀。

搅匀的面稍饧后，移入面案，揉搓成长条，揪下5个剂子，逐个捏成中间凹的面窝窝，里面抹入少许食油，收住口，用擀杖轻轻擀成饼形，上鏊烙。待皮定住、中心鼓起后，用刀在饼的中间划一小口，将一个鸡蛋磕入，撒少许盐面，再用生面将口糊住、继续抹油，翻烙至两面发黄色时即成。

金银烙饼的另外一种制法是：将面擀成薄饼，上鏊定皮后，将磕入碗内打散的鸡蛋液倒在饼面上，待蛋液定皮后翻烙成金黄色即成。

特点

饼香，蛋嫩。

烩

烩，是把几种原料混合在一起，加入汤水，用旺火或中火制成菜肴。这种烹饪技法，被广泛应用。烩制出来的名吃，遍及全国各地：

北京的烩鸭四宝，汤醇味厚，酸辣适口，软嫩鲜香，生津开胃。

云南的烩三鲜乳扇丝，色泽鲜艳，白红黄绿相间，乳扇火腿香气飘溢。

陕西的烩麻食，筋韧爽滑，风味独特，关中地区的烩麻食最为出名。

宁夏的烩羊杂，制作精细，味道香醇，是著名的清真小吃。

郑州的合记烩面，被认为是郑州饮食的标志。先吃面，外滑内韧，咀嚼有张力；后喝汤，汤中有肉、粉丝、海带丝、枸杞、香菜、辣椒等。

人们喜欢吃烩制的面食和菜肴，汤料各半，汤汁微稠，料质脆嫩软滑，口味咸鲜清淡。

面对烩制的各种美味佳肴，人们笃信“适口者珍”，还要从中挑选自己的最喜欢的种类：

挑选汤汁的颜色。烩菜，有的红烩，有的白烩。红烩使用有色调料。在汤汁中加入酱油或糖等有色调料，汤沸后淋入浓芡，成菜汁稠色重。例如，鸭汁烩鱼唇、拆烩红鸭丝。白烩使用无色调料。原料下锅后，加汤和无色调料，旺火把主料烧烂，勾入薄芡，成菜汤汁浓白。例如，烩银丝、竹荪丝烩鸡片。

挑选不同的调味料。烩菜，有的糟烩，有的甜烩，还有的是酸辣烩。糟烩是以糟汁为主要调味料，菜肴糟香浓郁，比其他烩制菜肴的汤汁略少。例如，糟烩鸡丝、糟烩肥肠。糖烩是以糖为主要调味料，菜肴为甜品，甜香利口。例如，冰糖烩湘莲、雪花水果羹。酸辣烩是以醋、胡椒粉、辣椒为主要调味料，菜肴酸辣咸鲜。例如，酸辣烩肚丝、酸辣烩乌鱼蛋。

挑选不同的烩制技法。烩菜还有清烩、烧烩之分。清烩不加有色调料，也不勾芡，菜肴汤清味醇。例如，清烩虾仁豌豆、清烩海三鲜。烧烩是原料经炸制后再烩，菜肴汤浓味厚。例如，烧烩鱼片、烧烩肠肚、烧烩肘子。

为了满足人们的美食需求，厨师们严格按照烩制的技术要领操作：

原料：畜禽类生料切制后，上浆并经温油划熟之后烩制；植物类原料切制后，滚水烫后烩制；熟料加工后直接烩制。

火候：所有烩菜原料，都要在烩制前做好初熟处理。烩制时，原料不在汤内久煮，汤滚即勾芡，保证成菜鲜嫩。

勾芡：除清汤烩菜不勾芡以外，其他烩制菜肴都要勾芡。芡汁还要稠稀适度，防止勾芡时水粉溶解不匀，汤里出现粉块疙瘩。

烩制菜肴，因为一般都要勾芡，区别于其他技法制作的汤菜；因为加热时不用小火，区别于羹；因为主料不能久煮，区别于炖、熬、煲。

烩，成为一种独立的烹饪技法，是从清代开始的。《居家必用事类全集·庚集》记录了“厮刺葵冷羹”的制法：原料加工制熟后，“用肉汁淋蓼子汁，加五味烧之”。据专家考证，这种技法比较接近现在的烩法。

现在，越来越多的厨师，都能通过烩制技法，展示精湛的厨艺。

烩制技法菜例

鸭烩腐皮

原料

豆腐皮2张，鸭肉150克，油25克，料酒10克，盐4克，味精

1克，鲜汤300克，碱3克，葱、姜末共10克，牛奶半瓶，鸡蛋清2只，淀粉适量。

制法

将豆腐皮用开水泡软，然后放在碱水中泡10分钟，捞出反复漂洗去碱味，改刀成小片。

将鸭肉剔去皮、筋，切碎后用刀斩成泥。鸭泥放在碗里，加入鲜汤，搅成糊状，打入鸡蛋清，拌至蛋清稀稠均匀，与鸭肉充分混合。

铁锅上火，加入油25克，烧热后，加入葱、姜末，煸炒，烹料酒，加入鲜汤、腐皮，烧开后，加入牛奶，淋入鸭泥糊，搅匀后加盐、味精，淋入湿淀粉勾芡，出锅装盘。

特点

色泽白净，口感细腻，味道鲜美。

爆

爆，是一种常用的烹饪技法，实用范围很广。从普通家庭到高档饭店，采用爆制技法十分普遍，就像“家常便饭”。

然而，看似平常的灶前一爆，如果出一道考题：爆需用多长时间？并不是很好回答。

先来品尝爆制的“中华名小吃”：北京“爆肚冯”第四代传人冯广聚亲手爆制的爆肚，吃起来又脆又筋道又不咯牙，越嚼越有劲儿，越品越有味儿，吃过之后，余香在口。

何以爆的如此地道？如今已70多岁的冯老先生会告诉你，关键在于掌握爆的时间：时间短了生，时间长了老，要的就是不早不晚不温不火不生不老的“恰到好处”。《中国烹饪百科全书》将牛、羊的鲜肚分成6个部位，并分别写及爆制时间的“恰到好处”：

“肚散丹约5秒钟，肚板约7秒钟，肚葫芦、肚领、肚蘑菇约8秒钟，食管约12秒钟。”该书还写道：“爆的烹制时间极短，仅在10秒钟左右。”

“10秒钟左右！”可见爆制技法对火候的要求是何等严格！

爆，专家们给下了一个十分准确的定义：沸油猛火急炒或沸水（汤）急烫使小形原料快速致熟成菜的烹饪技法。

这种技法，由宋代的“爆肉”和“爆齑”演化而来。元代出现汤爆菜肴：汤肚、腰肚双脆；明代有了油爆菜肴：油爆猪、油爆鸡；清代推出水爆菜肴：水爆肚、爆三样。现代的爆制技法，根据传热介质的不同，一般分为两大类：油爆和汤爆。

油爆：油爆的主料，有上浆和不上浆的区别。主料不上浆的油爆，原料先在沸水中汆一下，再爆制成菜。例如，河北的“油爆肚仁”、吉林的“油爆鸡胗”。也有的主料既不上浆也不经水汆，直接爆制成菜。例如，山东的“油爆海螺”、上海的“油爆生肠”。主料上一层薄浆的油爆。例如，浙江的“油爆双脆”、福建的“爆海贝”。

汤爆：汤爆是把主料放入沸汤中快速焯至断生，捞到碗里，另取沸汤，经调味，盛入主料碗里成菜。也有的不在沸汤里调味，而是将胡椒面、葱蒜泥、香菜等分别装盘上桌，由食者自选调味。例如，陕西、云南等地的“汤爆肚”、“汤爆双脆”。用滚水使原料成熟，再配调味碗醮食的爆类菜肴，称为“水爆”。例如，北京的清真小吃“水爆肚”。

如果把油爆和汤爆两种技法细分，还有多种的爆法。火爆：在油面飞火的状态下爆制——火爆腰花；葱爆：用生葱作为主要配料的爆类菜肴——葱爆羊肉；芫爆：用芫茜（即香菜）为主要调味料的爆类菜肴——芫爆里脊；盐爆：用精盐作为主味的白色爆类菜肴——盐爆鸭肠；酱爆：以酱类调味料为主味的爆类菜肴——酱爆鱼丁；还有以香糟和姜作为主要调味料的糟爆、姜爆，等等。

爆，既是火候菜，又是功夫菜。为了充分体现爆制菜肴清鲜脆嫩、爽利适口、本味突出的特点，技艺高超的厨师，都能严格把握下列操作要领：

选料讲究，以质地爽脆的原料为主。例如，猪肚尖、生肚领、鸡胗、鱿鱼、海螺等，猪、牛、羊肉最细嫩的部位。原料切配，多是片、花刀块、细条等形状。

猛火滚油或是滚汤（滚水）急烫，使原料迅速成熟。油爆时，芡汁略紧，菜肴表面有汁不见汁、不懈汁，盛菜的盘底不见油。而且，加糖不觉甜，加醋不觉酸。

爆制菜肴多用辛辣味浓的调味料。例如，香菜、辣椒、葱、姜、蒜。

爆制技法菜例

油爆双脆

原料

肚尖、鸡肫各200克，冬笋75克，鲜菇100克，味精2.5克，姜、葱、蒜、盐各5克，生抽1克，胡椒粉0.05克，花生油50克，小苏打1克，料酒1克，淀粉1.5克，清汤25克。

制法

先将肚尖去皮，打上十字花刀，改刀成小三角块。鸡肫去筋，打上十字花刀。

冬笋、鲜菇改刀成小三角块，用开水氽一下。

将改刀好的肚尖加入淀粉、小苏打，抓匀；鸡肫用淀粉抓匀。

将肚尖、鸡肫依次下入旺油锅中，过油，捞出，备用。

锅放底油，下入葱、姜、蒜炝锅；放入冬笋、鲜菇、盐、生抽、味精；放入肚尖、鸡肫、料酒，翻炒，再加入胡椒粉、清汤，抄匀出锅(可用冬笋、鲜菇，也可用青椒、胡萝卜)。

特点

香脆味美。

烘

在表示烹饪技法的文字当中，“火”字旁的最多：炒、烧、炸、爆、熘、炖、焖、煨、烤、烩、炝、烫、焗、烘、焙。这15个“火”字旁的文字，在笔者探究的50种烹饪技法中，占三分之一还多。

可见，火对于烹饪的重要。《中国烹饪百科全书》干脆作出这样的结论：“烹饪的诞生，以用火熟食为标志。”《饮食与中国文化》一书对此进一步加以说明：“有了火以后，熟食的比重逐步增加，火熟的方式也由简单向复杂演进，烹饪技艺逐渐发展和完善起来。最初的熟食，也就是最原始的烹饪方式，那是最简单不过了。既无炉灶，也还不知道锅碗为何物，陶器尚未发明，这时的烹饪方式主要还是烧烤，将食物放在火上直接烤熟。这种方法流传到现代，仍可制出美味佳肴。”

古往今来，人们“火中取宝”，烤便成了一种烹饪技法——人类最古老的烹饪技法之一。接着，人们在烤的基础上，发明了烘。

烘，也已具有悠久的历史。《诗经》上就有了关于烘的记述。传统的烘制方式主要有两种：锅烘，铁丝网烘。

锅烘。以烘蛋卷为例：将平底锅烧热，把做好的蛋卷一条一条放入锅底，锅下用微小的火力，把蛋卷上下左右都烘烤到，稍冷，切成厚斜片，装盘。既好看又好吃。

铁丝网烘。以烘牛肉干为例：将铁丝网置于特制的铁炉上，铁炉里燃烧碎木炭，铁网上放牛肉脯，烘好之后，既可现吃，又可收藏。烘好的食物，去掉了水分，干爽香酥，不易变质，有利于贮存。

锅烘和铁丝网烘，都属于火上直接烘制。这种烘法延续了几千年。继这两种传统烘法之后，现代烘法则利用炊具烘制。在四川，将烘制的烹饪原料备好之后，起油锅，旺火将油烧至适当温度，下料后转小火烘制。四川名菜火腿烘蛋、椿芽烘蛋，都是这样烘制出来的。在河南，已研制出自上而下加热的现代烘制炊具。先将锅盖放到旺火上烧红备用，烘锅里加入蛋液，置于小火上，烘至八成熟时，再把烧红的锅盖盖上，利用锅盖的高温由上往下烘，烘熟之后，连锅上桌。这是一道名为“三鲜铁锅蛋”的创新菜，很受消费者欢迎。

很多烘制菜肴都离不开鸡蛋：肉烘蛋卷、椿芽烘蛋、三鲜烘蛋、海米烘蛋、火腿烘蛋……所以，名师大厨们得出了这样的结论：除了传统烘法使用的红薯、白薯、牛肉干等原料之外，现代烘法的原料，以鸡蛋为主。

鸡蛋是最常见的烹饪原料，适于多种烹饪技法。当鸡蛋作为烘制菜肴的原料时，通常要将鸡蛋打散，加入切成细粒的原料和精盐、绍酒、湿粉，搅匀，先用油炒到半熟，呈粘糊状，再收拢，堆积成凸圆形，然后进行烘制。这样，利用火的辐射热能，通过蛋液中湿粉加热后的糊化作用，使蛋液松嫩涨发，直到把菜肴烘得“外酥香，内松发”。烘制蛋类菜肴，有经验的厨师严格掌握蛋液与湿粉的比例：蛋三粉一。烘时用微火，烘约5～6分钟后，再翻烘另一面，时间约10分钟。烘时加碗盖严。烘至两面金黄，蛋液涨发。

很多事情不能搞“一刀切”，烘制菜肴也是这样。虽然烘制菜肴多数以鸡蛋为主料，但也有例外。收入《中国烹饪百科全书》的贵州名菜烘杂烩，“以瘦猪肉、白苕为主料”，特点是“形状奇特，色泽明亮，味道鲜美。”

烹饪技法无国界。流行西餐的美国，也崇尚中式烹调中的烘。据美国白宫面点总厨米尼尔披露，美国总统布什喜欢吃馅饼，而前总统克林顿则喜欢吃樱桃烘饼。

烘制技法菜例

肉烘蛋卷

原料

鸡蛋、鸭蛋各4只，肉松120克，面粉、花生油、精盐各适量。

制法

将鸡、鸭蛋全部打入小盆内，用打蛋器或竹筷打散起泡，然后加入少许盐，再续打几下，使盐均匀，放置一旁，备用。

将平底锅洗净擦干，置于火炉上，以小火烧热，倒入少许花生油涂满锅底，把打好的蛋汁倒入三分之一，摊成薄饼形状，见熟取出，即成蛋饼。

将锅擦净，再放少许油，摊第二个及第三个蛋饼。将摊好的蛋饼平放在菜板上。把面粉与少许冷水调成浆状，用手指将其均匀地涂抹在蛋饼正面，再把肉松取出三分之一，平摊在面粉浆上，然后将蛋饼由内向外卷成圆筒形，接头处再涂些面粉浆，使蛋饼粘住，以免烘时散开。

将圆形的蛋饼条放入平底锅内，再将锅放进火炉，以微小的火力慢慢把蛋卷烘干，烘时注意要将四面烘到。然后取出蛋卷条用刀斜切成厚片，蛋皮与肉松各成圆卷形状，排列盘中即成。

特点

黄棕相间，香脆可口。

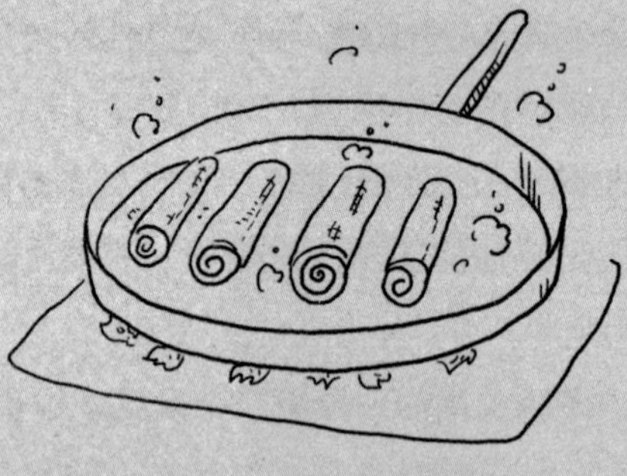

羹

甜银耳羹、西湖肉羹、豆腐虾羹、莲子鸭羹、如赛蟹羹……各种各样的羹，与普通汤菜相比，原料成本高，技术含量高，价格也高。

古书上有记载：唐代的李德裕，把珠玉、雄黄、朱砂碾碎，制成羹，一盅三万钱。宋代的蔡京，用鹌鹑作羹，一次要用几百只鹌鹑。清代的两淮盐商，选用各种鱼的脑、舌、肚、鳔、翅、裙、血等，配合起来，制作百鱼羹，就更难以论价了！

直到现在，如果不是上点档次的饭店，如果厨师的技艺平平，很难做出货真价实、受人称道的羹。羹制技法的发明者，可不平庸之辈。

据考证，羹是黄帝造的，最早称为“大羹”——是一种不加五味的肉汁。此后，厨师的祖师爷彭祖创造了五味调羹——羹中有了受人喜欢的滋味。再以后，各种名目的羹不断推出，从先秦到清代的烹饪古籍，代代都有关于羹的记载。长沙马王堆一号汉墓出土的食品竹简里，光是羹的记载，就有20多种！

如今，虽然各种羹仍经常出现在人们的餐桌上，但作为烹饪技法的羹，却较少被人提及了。《考吃》一书这样写道：“隋唐以后，各种烹饪方法的出现，羹在菜肴中不再处于主要地位，渐渐转为文人雅士们雅兴发挥的对象。”《中国烹饪百科全书》也如此这般地写道：“羹主要采用煮的烹调方法。但由于品种多样，所以制法各不相同。”

看来，羹在烹饪技法中已“不再处于主要地位”，但总还是有地位；“羹主要采用煮的方法”，毕竟还有其他方法。所以，不久前出版的《烹饪绝学》一书，还是将羹列为一种独立的烹饪技法。羹毕竟有别于煮、炖、熬等烹饪技法。

与古代的羹制技法大不相同，现在的羹，通常是利用上汤，加入适量的荤、素原料，配好，再加入各种调味料和芡粉，用小火煮成稀糊状。

羹制菜肴，目前主要有两种：

荤羹：肉类食物，加入上汤、调味料、芡粉，浓缩成菜。豆腐肉羹、西湖肉羹，都是这样做出来的。

素羹：用黄豆芽煨成上汤，加入素菜、调味料、芡粉，浓缩成菜。这样做出来的豆腐菜羹、嫩藕丝羹，很受素食者欢迎。

说到名人与羹的饮食故事，不能不提到苏东坡。苏东坡特别喜欢吃萝卜为主料、荠菜为辅料的菜羹，还曾为此写就《菜羹赋》，把个菜羹写得淋漓尽致!

随后，苏东坡的三儿子苏过，推出一道以山芋为主料的羹制创新菜，苏东坡大加赞赏，亲自给这道菜命名：玉糁羹，并提笔写道：“过子忽出新意，以山芋作玉糁羹，色香味皆奇绝。天上酥酡则不可知，人间决无此味也。”

羹制菜肴，与时俱进。如今已可以“一羹三色”、“一羹三味”。2004年2月，一位烹饪大师撰文传艺：“太极图是我国古代说明宇宙现象的图形，表示阴阳对立面的统一体。太极图又称‘阴阳鱼’。受此启发，把两种颜色同样味道或颜色味道各异的羹，同时倒入器皿之中，使之形成色彩分明的太极图形，令人赏心悦目，食欲大增。吃的时候，可吃到两色两味，也可以把两色或两味搅匀，吃到第三种颜色和第三种味道。”

这篇《倒出美味太极羹》的文章，如果苏东坡看见了，想必又会诗兴大发！

羹制技法菜例

酸辣虾羹

原料

鲜河虾、牛腿肉各150克，水发海带、酥肉丁、水发干笋

各100克，料酒、姜末、葱花、豆瓣、酱油各10克，醋20克，胡椒、味精各1克，精盐3克，辣椒油15克，猪油50克，湿淀粉12克。

制法

锅内放入750克清水，下入鲜虾，烧沸，约5分钟后捞去鲜虾不要，将虾汤盛入碗内。

牛腿肉切成1厘米见方的小薄片，水发干笋也切成薄片，海带切成2厘米长、3毫米粗的丝。

锅内下油烧热，放入牛肉炒散，加入剁碎的豆瓣炒出香味后起锅。

锅内另加虾汤、笋片、海带丝、姜末、料酒、精盐、胡椒、牛肉、酱油，烧沸，去掉浮沫，用湿淀粉勾极薄的芡，加入味精、醋，盛入汤碗，淋上辣椒油，撒下葱花、酥肉丁即成。

特点

原料多样，汤鲜味美，酸辣味突出。

贴

一道菜肴两种颜色：一面金黄，一面白嫩。入口一嚼，口感也是两样：一面酥脆浓香，一面软嫩鲜香。再细一品味，还能品出至少两种原料释放出来的美滋美味。这可是道细菜！怎么做出来的呢？行家告诉你：贴。

贴制菜肴，是将几种原料经刀工处理成型后，加入调味料拌渍，粘贴在一起，挂蛋粉浆，垫上一层肥猪膘，只煎一面，呈金黄色，另一面不煎或稍煎，也可以加入汤汁慢火收干。例如：锅贴鲜肉、锅贴虾仁、锅贴鱼片、锅贴豆腐、锅贴牛肉盒……

在烹饪技法中，贴起源于我国北方民间，由煎衍生而来，既有加工成型的作用，又有加热成熟的作用。

近年来，贴制菜肴不仅经常出现在饭店的餐桌上，也走进了烹饪赛场，以其不俗的表现登上奖牌榜。据国家级烹饪大赛的一位资深评委介绍，评判贴制菜肴的标准，离不开“六固定”：

刀工固定：无论主料、辅料，都要加工成容易成熟的扁长薄片，厚薄相同，刀口一致，肥膘垫底，主料在上，用蛋粉浆粘贴，叠合一起，成为两层以上的片状整体。原料刀工固定，有益于受热均匀，成菜美观。

猪肥膘固定：没有猪肥膘，就失去了贴制菜肴的风味特色。

猪肥膘用作贴底。因为猪肥膘在贴制过程中容易脂肪熔化卷缩变形，也因为只煎猪肥膘的一面容易焦煳，所以要先把猪肥膘整快煮至断生，吐出油分，再切片成型，腌味，薄拍一层生粉，然后挂蛋粉浆。

调味固定：原料腌味后，贴制时还要加汤汁煨透入味。做到“两次调味。”

浆粉固定：调制蛋粉浆要稠度适宜，不可过浓或过稀。过浓糊猛会变形，过稀泻浆则易焦。

贴法固定：主料必须是鲜嫩原料，不接触锅底，依靠一面贴传热和盖加热成熟，要控制好贴制时间，贴至上色、熟透。煨的时间要短，以煨透、汁干为准。

成菜标准固定：成菜色泽必须一面黄一面白，质感必须一面香脆一面软嫩，清香可口，肥而不腻。贴制菜肴无汤无汁，具有浓厚的甘香风味，成熟以后直接食用，不再回锅调味。

“只贴一面，不能翻身”，是贴制技法的主要特征。但在实际操作过程中，也有一定的灵活性。有的贴制菜肴，在主料和垫底辅料之间，夹入一层馅料，如虾馅、鸡馅等，以增加成品风味。这样一来，原料层次增多变厚，采取“只贴一面，不能翻身”的操作方法，难以使主料和馅料完全成熟。因此，在特殊情况下，也可“特事特办”，照顾一下贴的另一面，但是，这个“度”很重要，只能稍贴一下，不可贴制时间过长而影响主料本色和软嫩，以淡黄色为好，而不是金黄色。这样，仍可保持贴制技法的特点和成品的风味特色。

贴，也可用于主食制作。随着生活水平的提高，吃腻了大鱼大肉的人们，重又青睐家常菜、农家菜、私家菜。以玉米面、杂和面为原料的各种贴饼子又走上了城里人的餐桌。较有代表性的是“贴饽饽熬小鱼”。

在早年民间流传的《山东老菜谱》里，就有这么一说：“贴是一面煎”。可如今有的厨师不下苦功夫钻研烹饪技法，也不耐心制作精细名菜，嫌“一面贴”成熟慢，又费事，就“两面贴”，变贴为煎，甚至加入较多的油，连煎带炸，成品变成两面金黄，外脆里嫩。其实，那就不能算是贴制品了。

贴制技法菜例

锅贴鸡片

原料

鸡脯肉200克，猪肥肉500克，熟火腿、葱白、白糖、醋、熟猪油各15克，冬笋、蛋清糊各100克，生菜150克，姜、酱油、料酒、香油各10克，甜酱25克，精盐3克，味精1克。

制法

将鸡脯肉切成长5厘米、宽4厘米、厚3毫米的片。用姜、葱、料酒、精盐拌匀，浸渍10分钟。

猪肥肉带皮煮熟，晾凉去皮，切成和鸡片一样大的片。冬笋煮熟，修理整齐，切成长3厘米、宽2厘米、厚1厘米的片。火腿切成末。

将肥肉片逐片平铺在盘内，抹上蛋清糊，放上笋片，上面放火腿末。将浸渍过的鸡片放入蛋清糊内拌匀，理抻后贴在火腿末上。

炒锅置小火上，放入猪油少许，逐个将鸡片(肥肉向下)贴在锅内，煎约8分钟(不时用铲松动使其受热一致)，煎至底面呈金黄色，鸡片呈浅黄色时，淋入香油起锅，摆入条盘的一端。生菜切细丝，加入白糖、醋、酱油、味精、香油，拌匀，镶在另一小盘内，与锅贴鸡片同时上桌。

特点

整齐美观，底黄面嫩，味香酥脆。

扣

扣制菜肴端上餐桌，那规整的形状，奇妙的图案，很抢眼球，给人一种视觉美的享受！

扣橘皮肉、扣三丝汤、菜心扣肉、百叶扣肉、百果扣鸭、萝卜扣鸡、干贝扣瓜蝶……一道道赏心悦目的扣制菜肴，要趁热食用，香味醇厚，软烂适口，又给人以口福的享受！

扣制菜肴，以简单的技法和最快的速度进行工艺处理，既简洁大方，又不草率马虎，“虽不耐久观，却耐人寻味。”

扣制技法，为热菜造型艺术提供了一个典范。

扣制菜肴的“扣”字，《新华字典》这样解释：“器物口朝下放置或覆盖别的东西。”还进一步举例加以解释：“用盘子把碗里的菜扣住，免得凉了。”这对于烹饪技法中的“扣”来说，可就大打折扣了——只说了一半。扣制技法的“用盘子把碗里的菜扣住”，不是“免得凉了”的保温措施，而是要将“扣住”的菜反扣到盘子里，然后趁热吃。所以，在烹饪专业图书中，对“扣”字有了另外的解释：

《中华烹饪》：“将加工、腌味或制成半成品的原料，经切配或整理后码在扣碗内，再加入汤和调料蒸至熟烂，然后倒扣餐具中，用原汁打芡浇在上面。”

《烹饪绝学》的解释更为具体："扣，是将主菜料处理好后，切成一样的形状，排成一定顺序，将其反面固定在碗内，然后将调味品放在食物上面，连碗放入蒸笼里蒸至熟烂，吃时先把汤汁滗出，再用大盘覆盖在碗上，随即将碗反转，刚好使碗内的食物正面堆在盘子中间，原汁制芡浇在上面，美观大方。"

可见，作为烹饪技法的"扣"，不仅仅是"器物口朝下放置或覆盖别的东西"，而是在此基础上"倒扣"的扣，"反转"的扣。

在名师大厨那里，为了菜肴端上餐桌前的那一扣，扣制菜肴从选料开始，就得严格操作，有板有眼，环环紧扣：

选料：扣制菜肴只挑选那些质地坚韧的动物性原料和肉厚的植物性原料。例如，牛肉、鹅掌、鸡、鸭、龙虾干、干贝、干北菇、冬瓜等。

用料：扣制菜肴一般选用两种以上原料。例如，"荔甫扣肉"的原料是五花肉和芋头；"生扣鸳鸯鸡"的原料是鸡、火腿和北菇。即使是单一原料，也要用青菜垫底。

切配：扣制菜肴的原料，都要切成小件、块、厚片的形状，在较长时间的蒸制中透味、软化，定型在扣碗内。倒扣之后，原料互相粘连，凝聚在一起，呈扣碗形。

装碗：原料码入扣碗时，挑选形状好而整齐的码在碗底，倒扣之后，形状美观。

扣制技法，各地都有应用，分为红扣和白扣两类：

红扣：汤汁和芡汁用生抽、晒抽、蚝油等作为主要调味品，用湿粉勾成宽浓的红色芡汁。

白扣：汤汁和芡汁用精盐等无色调料，不用或少用湿粉，勾成清色或白色的稀薄芡汁。

扣制技法，也可来用制作主食。例如，扣制"八宝饭"；扣制“水晶八宝饭”。

无论菜肴还是主食，“扣”的前提是“蒸”。在四川农村，就有一种宴席叫“三蒸九扣”。“三蒸”，泛指蒸的技法多；“九扣”则指扣碗菜多。

扣制技法菜例

芋头扣肉

原料

五花肉500克，净芋头350克，花椒2.5克，八角末0.5克，豆腐乳15克，老抽50克，白糖15克，料酒5克，淀粉5克，蒜茸2.5

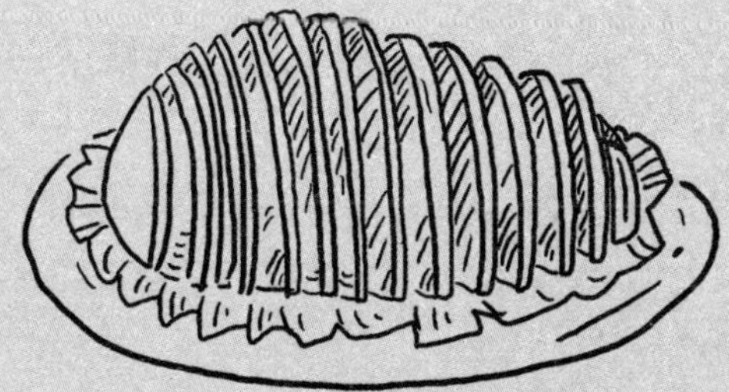

克，清汤15克，花生油750克(耗75克)。

制法

把芋头切成长方形片，用滚油炸透。

五花肉刮洗干净，下水锅煮七成熟捞出，抹上老抽。将肉下入热油锅中炸制，呈红色捞出，切成长方形片。

将蒜茸、豆腐乳、花椒、八角末、料酒、老抽、白糖调和均匀，与切好的熟肉拌匀。然后将一片肉和一片芋头相夹，肉皮朝下，排放在扣碗内，上笼蒸至熟烂。

将蒸好的扣肉下笼，倒出原汁，扣在盘内，原汤回锅，加入清汤、老抽、勾淀粉薄芡，浇在盘上。

特点

肥而不腻，肉烂醇香。

熘

熘肝尖，熘腰花，滑熘里脊，滑熘牛肉，软熘鸭心，软熘山药，焦熘鸡条，焦熘豆腐……一路熘下来，对于丰富菜肴，起到了无可替代的作用。

熘，也称溜。是将烹制好的熘汁浇淋在预熟的主料上，或把主料投入熘汁，快速翻拌均匀，制成菜肴。

南北朝时期的“白菹”法和“臆鱼”法，是熘制技法的胚胎。宋代的浇汁“醋鱼”，为后来熘制技法的确立奠定了操作基础。明代开始，熘成为独立的烹饪技法，也称搂。清代的菜谱上出现了熘制菜肴的名称，《随园食单》有“醋搂鱼”、《调鼎集》有“醋熘鱼”。如今，人们虽已不在意那个发音相近的“搂”字，却很注重熘制技法的继承和创新。

在调味方面，明代以前，大都以酒、酱、醋为主要调味品。明代以后，出现了酸咸、香糟、糖醋等不同风味的特色菜肴。例如，醋香型的醋熘白菜，鱼香型的鱼香肉丝，咸香型的滑熘里脊，糟香型的糟熘鱼片，糖醋型的糖醋鱼仁，荔枝味的荔枝肉片，茄汁型的茄汁虾片。

在操作技法上，以古代原料成熟后浇淋芡汁为基础，大胆创新，有了突破性的进展，推出滑熘、焦熘、软熘等多种熘制技法。

现代熘制技法，一般分为三个步骤：先将主料制熟，再制作熘汁，最后将主料与熘汁混合在一起。按照所使用的传热介质、调味料、浆、糊、汁以及成菜口感的不同，烹饪专家将熘制技法分为三种：

焦熘：焦熘也称脆熘。主料码味后挂糊，下油锅炸至外部酥脆、内部软嫩，然后把烹制的熘汁浇淋到主料上，或者与主料一起迅速翻拌均匀，制成菜肴。例如，河南的焦熘鱼，四川的脆皮瓦块鱼，广东的糖醋咕噜肉。

滑熘：主料上浆后，以温油或沸水滑透，再与熘汁一起翻拌，制成菜肴。例如，河南的滑熘鱼片，山东的滑熘里脊，四川的熘鸡肝。

软熘：主料有固体状和流体状两种，直接在温油中浸炸，或蒸、烫、汆、煮，至熟，根据不同菜肴的要求，或将烹制的熘汁与主料翻拌在一起，或浇淋在主料上，制成菜肴。例如，浙江的西湖醋鱼，河南的软熘里脊，内蒙古的软熘鱼茸牛蹄筋。

此外，由于使用的调味料不同，还有醋熘、糖醋熘、糟熘等熘制技法。

熘制菜肴，在原料和熘汁的结合上，也是技法不同：

兑汁法：在原料加热过程中，根据菜肴的口味要求，将所需调味料调剂一起，成为碗汁。原料加热成熟后，将原料放入加了底油的勺中翻炒，然后泼入兑好的芡汁，使其成熟并均匀地挂在原料表面。“鱼香肉丝”就是兑汁法的代表菜。

浇汁法：原料加热成熟后，盛到餐具里，将烹调好的芡汁浇淋在原料上。以“西湖醋鱼”为例，整条鱼经水煮、调味后，盛到鱼盘后，将烹调好的酸甜味醋汁浇淋在鱼身上。

卧汁法：原料加热成熟后，先用笊篱捞起，沥净油或水，在勺内调剂芡汁，芡汁成熟并带有粘性时，放入原料，迅速翻炒均匀。采用卧汁法多为焦熘或糖醋型菜肴，因为焦熘菜肴要保持成菜的焦脆特点。“糖醋鱼仁”、“努而哈赤虾”等菜肴，只有采用卧汁法，才能取得预期的熘制效果。

熘制菜肴，还有白熘、红熘之分。白熘的菜肴以精盐、白汤、白糖、白醋等为主要调味料，成菜色泽洁白；红熘的菜肴以生抽、红糟、茄汁等为主要调味料，成菜之后，呈鲜红色、大红色或老红色。

熘制技法菜例

糟熘鱼片

原料

鳜鱼一尾（重750克），鸡蛋一只，水发木耳35克，白糖30克，姜汁10克，湿淀粉50克，香糟酒100克，味精1克，精盐1克，熟鸡油10克，清汤150克，植物油500克(约耗50克)。

制法

将鳜鱼剔下肉。头、尾蒸熟，摆在鱼盘内。将鱼肉切成长4厘米、宽2.5厘米、厚0.5厘米的片，用蛋清、湿淀粉(25克)浆好。

木耳用开水氽制，挤净水，待用。

炒勺上火，放入植物油，烧到五成热，把浆好的鱼片逐片下入油里滑透，倒在漏勺里沥去油。清汤倒入炒勺，调入香糟酒、白糖、精盐、味精、姜汁，烧开后撇去浮沫，下入滑好的鱼片，再烧开，移微火煨制一分半钟。

把木耳放在鱼头、鱼尾中间。

炒勺回旺火上，用湿淀粉25克勾芡，放入熟鸡油翻勺，倒在木耳上即成。

特点

质感滑嫩，糟香醇厚。

焖

在厨师行里，有“千滚不如一焖”之说。

滚，对于烹饪过程中的加热来说，似乎是最高境界了：将食物放入烧滚的上汤或滚水里，利用汤、水滚动时的最高热能，使食物尽快均匀成熟。可是，与“焖”相比，“千滚不如一焖”！

焖，不仅汤、水滚开，还要炊具加盖，有的还要用纸把盖缝糊严，通过密封，保持锅内恒温。可见，厨行的“千滚不如一焖”，道出了焖在烹饪技法中的重要地位和作用。

焖制菜肴，形态完整，汤汁稠浓，质地酥烂，滋味醇厚，吃口软滑，深受人们的喜爱。红焖整鸡、黄焖狗肉、油焖大虾等焖制名菜，代代相传，经久不衰。

焖，是在烧、煮、炖、煨的基础上演变而来的。最早的焖制技法出现于宋代。从那时开始，焖制技法便开始出现于历代古籍之中：

宋代的《吴氏中馈录》：“煮诸般肉封锅口……易烂又香。”

元代的《居家必用事类全书》：“羊肉滚汤下，盖定漫火养”；“瓦盆盖，纸糊合缝，勿走气”；“盘合封闭，慢火养熟，其骨皆酥”。

明代，不仅记录了焖制技法，还在《遵生八笺·饮馔服食笺》上开始出现“闷”字：“蒲盖闷，以肉酥起锅食之。”

清代，不仅“闷”字应用已多，还在《随园食单》中开始出现“焖”字：“用肥鸭斩大方块，用酒半斤，秋油一杯，笋、葱花焖之，收卤起锅”。

从晚清开始，在《调鼎集》、《素食说略》、《苏造底档》中开始把“闷”和“焖”写入菜名：“闷羊肝丝”、“闷荔枝腰”、“焖猪脑”、“黄焖鸡肉炖面筋”……

从焖制技法的沿革可以看出，明、清以前还没有明确的“闷”或“焖”，烹饪古籍常用“封锅口”、“盘盖定，勿走气”等词句，用以表达焖的作用。

如今的焖制技法，因原料生熟不同，有生焖、熟焖；因传热介质不同，有油焖、水焖；因调料不同，有酱焖、酒焖、糟焖；因成菜色泽不同，有红焖、黄焖；还有因技法而变化的干焖、酥焖、大焖、锅焖、家常焖等。其中，影响较大和流行较广的是红焖、黄焖、油焖。

红焖：以酱、糖着色，食物焖至熟烂后，略呈红色，美观可口。例如，“红焖整鸡”、“红焖阉鸡”、“红焖鸡块”。

黄焖：焖食物时，不用酱和糖着色，而是以鸡油、黄花作为主要调味品，菜色呈淡黄色。例如，“黄焖兔肉”、“黄焖狗肉”、“煎焖鳝鱼”。

油焖：一般用素油或鸡油焖制，如果用红烧肉时浮在上面的肉油焖制，效果会更好。例如，“油焖大虾”、“油焖蚕豆”、“油焖扁豆”。

焖制菜肴的原料，多用质地紧密坚实的韧性原料。例如，鸡、鸭、鹅、猪肉、猪手、牛肉，干制的蘑菇等。原料切制，多为小块、厚片、粗条。

焖已成为人们经常使用的烹饪技法之一。焖制技法制成的名菜，遍及各地：浙江的油焖春笋，山西的茴香焖羊肉，福建的沙茶焖鸭块，广东的红炆海参……

广东的“红炆海参”，怎么不叫“红焖海参”呢？原来，焖，也称炆。炆，是广东的烹饪术语。

焖制技法菜例

原焖鱼翅

原料

水发鱼翅750克，熟冬笋片250克，熟鸡肫片75克，熟野鸡脯片75克，熟鸡皮50克，水发冬菇30克，青菜心150克，虾子25克，鸡腿2只，火腿片100克，猪肥膘200克，料酒3克，精盐40克，葱结13克，姜片12克，熟猪油150克，清汤1.5公斤。

制法

把水发鱼翅一批二，排叠在大汤碗内，加清汤250克，放上葱结、姜片、火腿片、鸡腿，盖上猪肥膘，上笼用旺火蒸约20分钟。取出滗去汤，再加入清汤250克，上笼蒸约20分钟，取出滗去汤汁，拣去葱、姜、鸡腿、火腿片、猪肥膘等。放入冬笋片、鸡肫片、野鸡脯片、鸡皮片、冬菇片，加料酒、清汤250克，上笼蒸约20分钟。

锅加底油，放入青菜心，炒至翠绿色，倒入砂锅中，将笼内鱼翅取出，复入砂锅内，舀入沸清汤750克，加熟猪油、料酒、精盐、虾子，盖上锅盖，用小火焖约30分钟即成。

特点

鱼翅透亮，丝似银针，软糯滋润，汤醇味鲜。

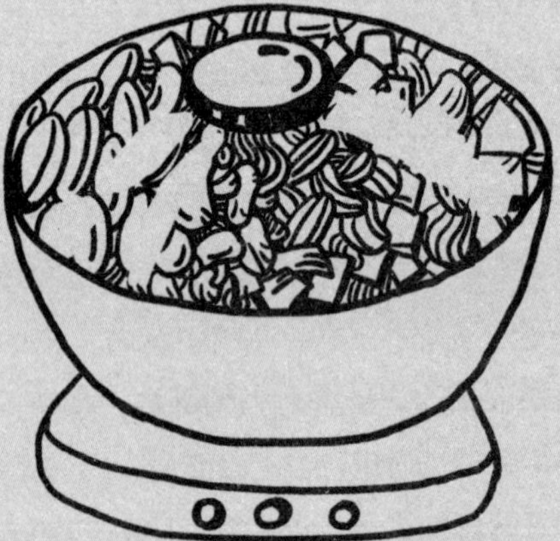

熬

熬白菜、熬酸菜、熬土豆、熬豆角、熬茄子……这些菜名，来自技法加原料，直来直去，谁都能说出几个。

可是，翻开菜谱，却很少见到这些菜名。这是因为，自古以来，熬法趋于乡土烹饪，多用于民间和乡村，很少用于饭店、酒楼。所以，作为餐饮市场上的商品菜，写在菜谱上的菜名极少有"熬"字。还因为熬与炖相近、与煮相似，有了"炖"和"煮"，"熬"就被忽略了。也由于人们有这样的认识："粥为熬、汤为熬，菜不可为熬也。"明明是熬制出来的大米粥、小米粥、绿豆粥等粥品，可常被省去了"熬"，甚至改成"煮"——煮粥。

在烹饪教材中，有的将"熬"列入"与主要烹饪技法相近、相似的烹饪技法"，即"其他烹饪技法"。也有人指出，熬制技法应用范围不广，流行范围不大，是职业厨师不常用的烹饪技法，或者说是煮和炖的分支技法。但是，谁也没有否认熬制技法的存在。况且，熬制菜肴在原料使用、加热方式、成品特点等方面，仍是相对独立的。

适于熬制的原料，有蔬菜类、豆腐类和畜、禽、鱼类，原料的切制，有块、条、丝、丁等，鱼类原料一般为整型。熬，也适用于主食的制粥。

熬制菜肴，操作比较简便。一般先用葱、姜爆锅，再下原料煸炒至断生、出水分，然后加入与原料相等的汤或水。蔬菜含水分多，则酌量减少汤水，以免成菜后汤水过多。下汤水的同时加入调味料，一般只用盐，一次下足。先用旺火烧开，再转用中、小火，熬至原料质烂味厚。

熬制技法，最早出现于唐代。在宋代史籍中，不仅记载了熬鸡、熬肉、熬鹅、熬鳗鳝、熬团鱼、熬木瓜等许多熬制菜肴，还有红熬、白熬、润熬、灌熬、大熬、杂熬、罐熬等不同熬法。延用至今的熬法，主要有4种：红熬、白熬、罐熬、锅熬。

古往今来，人们熬来熬去，很难熬出身价不凡的高档菜肴。一位见多识广的烹饪大师撰文说，他在饭店只遇见过一次熬鱼的，还在菜名之前冠以“家常”二字：家常熬黄鱼。

熬制菜肴，有汤有菜，易于下饭，却不适合作下酒菜，很难走进高档饭店，也很难被端上高级宴会的餐桌。与名馔佳肴相比，熬制菜肴就像“下了锅的面条——硬不起来”。所以，人们给熬制菜肴的定位也就不高：乡土菜、农家菜、家常菜、大锅菜、私家菜。

然而，世事有变，如今很多城里人的口味悄然发生变化：通过品尝熬制菜肴，感受乡土菜的乡土味，重温农家菜的故乡情，体验家常菜的不寻常，品味大锅菜的包容性，探寻私家菜的私秘性。

随着乡土菜、农家菜、家常菜、大锅菜、私家菜的受宠，熬菜做饭的农家之举，被引入喧闹的大都市，形成了另一番独具特色的美食风景。

人们喜欢熬制菜肴的酥烂，半汤半菜，汤汁不腻，咸醇香口。

据报道，贵州有家经营私家菜的盏记餐馆，熬菜居多。有一道“鱼翅骨鸡汤”，制法只有5个字：熬足十小时。只此一熬，特色鲜明：汤色纯白、味道鲜浓而不腻。这“十小时”一熬到底的私家菜，居然成了时尚菜、经典菜、招牌菜、热销菜！

熬制菜肴的流行，表达了人们对家的依赖和怀念之情。正如美食家陆文夫所说，“吃遍天下，不如回家。”家里常有熬菜。

哦，熬菜不孬！

熬制技法菜例

熬豆芽菜

原料

黄豆芽500克，粉丝200克，菠菜100克，葱、姜各10克，酱油15克，猪油75克，花椒、精盐、味精、料酒、鲜汤各适量。

制法

将黄豆芽、菠菜择洗干净。菠菜切成寸段。葱、姜切成丝。

锅上旺火，下入猪油，油五六成热时，下入葱丝、姜丝、花椒，炸出香味，再下入酱油、料酒、鲜汤、粉丝。

粉丝熬至半熟时，下入豆芽炒匀，熬至豆芽瓣熟，再下入盐和菠菜，再熬一会儿，最后放入味精，即可出锅装盘。

特点

菜熟汁浓，厚香适口。

腊

腊肥母鸡、腊香肥鸭、腊肉鸡肝、腊鸭肉肠、腊肠蒸鸡……采用腊制技法制作的菜肴，经常出现在人们的餐桌上，也记录在菜谱和各类烹饪书籍里。

南宋陈元靓的《岁时广记》，最早记载了有关腊肉的文字。腊肉，即采用腊制技法加工的肉。腊制技法，是腊月里将肉制品用盐腌制后，进行日晒、烘烤、烟熏，然后放于自然通风处吹干。

自古以来，畜禽海鲜，几乎都可一腊。例如：广东的腊乳猪，山西的腊驴肉，甘肃的腊牛肉，湖北的腊鱼，四川的腊兔，江西的腊鹅……

在《中国烹饪百科全书》的“腊肉”条目之下，列出9个省的腊肉，有30多种。

湖南传统名菜“腊味合蒸”，主料中有腊鸡、腊鱼、腊猪肉。可见，湖南人既嗜好辣椒的“辣”，又喜好腊肉的“腊”！

各种腊肉，因产地不同、原料不同、口味也不尽相同，但腊肉共有的特点不曾改变：瘦红肥白，色泽鲜艳，质地滑利，具有独特的熏香和腊香味。

采用炒、烧、蒸、煮、炖、煨等技法，将腊肉加热制熟，香味扑鼻。腊肉曾使慈禧太后闻香止辇（皇帝坐的车）。《中国名食掌故》对此有详细记载：

慈禧一行坐御辇途经西安西大街老童家门口，正要上坡时，一股异香扑鼻而来，慈禧下令止辇询问，随同的陕西巡抚回答说，这是老童家腊羊肉铺正在煮肉。慈禧便令随行人员买来品尝，果然味美不凡。从此，老童家腊羊肉成了进奉朝廷的贡品。后来，经慈禧应允，由兵部尚书赵福桥的老师邢庭维执笔，书写“辇止坡老童家”的金字招牌。此后，这家腊羊肉铺更是名噪古都。

腊肉飘香，连绵不断，年复一年。每到腊月，很多地方的乡下人，总是忘不了把优选出来的肉用盐腌过，再挂到通风处晾晒，晒干表面水分后，放到火塘上烘烤和熏制，再挂起来晾干。这样的腊肉，防腐防虫，一年四季都能吃到腊月里腊制的腊肉。

现在，城里的不少饭店，一年四季经营腊制菜肴：腊鸭腰子、切肉腊肠、腊肉炒笋子、萝卜干炒腊肉……

吃过品过，内行人对时下城里的一些腊肉，疑惑重重，归纳起来，主要有三点：

一是腊肉腊制的时间问题。腊肉，顾名思义，是时逢腊月腊制的肉。随时熏制的肉，不是腊肉而是熏肉。

二是腊肉熏制的燃料问题。城里的一些腊肉，添加味精和色素之后，放到烘炉里烘烤，肉的外层发生了变化，里层却色不改味不变，而正宗的乡下腊肉，是乡里人在柴火灶上用柴烟慢慢熏出来的。

三是腊制技法的传承问题。制作腊肉的时间，由腊月变为常年；熏制腊肉的烟，由乡下灶火的“冷烟”变为烘炉里的“急烟”。即使这样，却也要打出“正宗乡里腊肉”的招牌。

此腊肉非彼腊肉。对时下城里一些腊肉怀有疑惑的人们，很羡慕北京挂炉烤鸭对烤制技法的继承。北京挂炉烤鸭以果木为燃料，果木的甜香沁入鸭体，烤出来的鸭子分外香美。也就难怪有人说，腊肉却没有烤鸭那么幸运，有人还在报上发表文章《腊肉的挽歌》。

腊制技法菜例

腊鸭肉肠

原料

鸭肝、瘦肉各1000克，肥肉500克，肠衣50克，酱油60克，糖75克，精盐6克，姜汁5克，白酒适量。

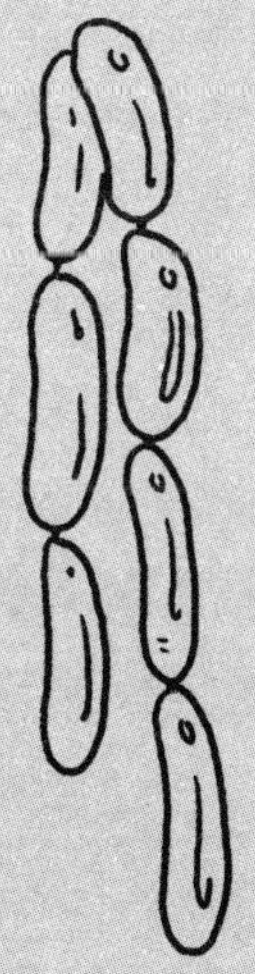

制法

将肥肉、瘦肉、鸭肝洗净抹干水分，分别切成指甲大小的肉片。

酱油、糖、精盐、姜汁、白酒放入大碗内，调匀，倒进各种肉料，拌匀，腌制20分钟左右。

水龙头套入肠衣，内外冲洗净，用灌肉器将肉料徐徐灌入肠衣中。

肉料灌完之后，在肠衣头尾两端打结，并用麻绳分16厘米长扎紧成一双形，再用针在肠衣上扎孔。

锅里加入水，烧热，倒淋在肠上。然后挂在太阳下晒干，也可用烤炉烤干。

特点

腊香适口，风味浓郁。

酥

打开菜谱，在酥制菜肴的特点里，经常看到这样的评语：香酥可口，酥脆可口，咸甜酥香，外酥里嫩，皮酥肉嫩。这些评语，其实也是赞语。

酥制菜肴，最晚出自清代。袁枚的《随园食单》里曾有记载："通州人能煨之，尾之俱酥，号酥鱼，利小儿食。"如今，各式酥制菜肴仍经常出现在人们的餐桌上。

酥，是厨师经常采用的一种烹饪技法。酥制的菜肴、面点、小吃、茶食，遍及全国各地。酥制技法，既可用于原料加工，又可用于成品制作。

酥鲫鱼，天津传统名菜。白鳞小鲫鱼加调料，酥制而成。骨刺皆酥，咸香适口。

酥海带，山东传统名菜。海带为主料，辅以猪肉和调料，酥制而成。海带酥烂，味道甜酸。

酥肉，河北传统名菜。选用猪五花肉，加入糖、酱油等调料，酥制而成。肥而不腻，酥软适口。

酥皮莲蓉包，广东著名点心。以半发酵面和酥心（油酥面团）摺叠作皮，莲蓉作馅，包成圆形，蒸制而成。皮色洁白，层次分明，酥心香酥，味美可口。

酥鸭面，安徽著名小吃。在煮熟的刀切面里加入鸭汤，盖上一层酥鸭肉。面软鸭酥，汤汁香醇。

酥油茶，是生活在高寒地区的藏族、门巴族、纳西族等少数民族的日常饮料。用酥制技法加工出来的酥油，配以浓茶汁和盐，制成乳状，再加水加热饮用。油茶相融，香味浓郁，别具风味。

酥炸高渣，台湾著名小吃。选用猪里脊肉、鸡胸肉、虾仁等原料，酥制而成。外香酥，内鲜嫩。

这些食品所采用的酥制技法，主要有油酥和醋酥两种技法。

油酥：将肉类、鱼类、干果类原料用油炸熟，冷却后再炸一次。油酥的食物，色黄、质酥、味香。

醋酥：在原料里加入醋，小火慢煨，使原料的品质变酥。醋酥的食物，色润，质脆，咸香、甜酸。

油酥和醋酥，都是常用的烹饪技法。一般来说，油酥的应用范围更大一些。这是因为，油酥还包含一种独特的酥制技法——酥炸。

酥炸，先将原料挂糊，然后再炸。这种糊，被称为酥糊。酥糊用面粉、淀粉、鸡蛋、小苏打等原料调制而成。把酥糊均匀地挂到原料外层，油炸后，主料面粉的颗粒被油分隔，互不粘合，形成网状结构。再加上小苏打加热后产生的大量二氧化碳气体，可使酥糊层膨松涨大饱满，形成酥松香脆的薄膜。这层薄膜把原料内部的水分包封住，保持菜肴的鲜美滋味，而外层的薄膜给菜肴带来的质感，比其他炸法酥松得多。酥炸是清炸的发展，能炸得更酥。

酥，常和“香”写在一起，甚至写进菜名：北京的香酥鸭、新疆的香酥羊腿、青海的香酥岩羊……

香酥鸭，曾使世界喜剧大师卓别林为之倾倒。那是1954年，周恩来总理赴日内瓦参加大会，随行的北京饭店厨师范俊康制作了香酥鸭。喜剧大师卓别林吃过之后，赞叹不已，当即向范俊康提出两个特别的要求："我特别要求带走一只香酥鸭，让我的儿子尝尝！我特别愿意将来到北京去，专门向你学做香酥鸭！"

酥制技法菜例

香酥鸡

原料

去毛嫩母鸡1只(约1250克)，料酒10克，葱白20克，精盐、姜片、桂皮各15克，花椒、熟猪油各30克，花生油150克。

制法

将鸡去杂、洗净，沥去水。将桂皮敲碎，与花椒、精盐一起放入锅中拌和后，擦匀鸡身(脯肉和腿肉反复擦几次)，然后放入钵内，把剩下的桂皮、花椒、盐撒在鸡身上，腌制约两个小时取出。将盐抖去，放入盘中，加入料酒，放上葱段、姜片，上笼用旺火蒸至八成烂时取出，沥去汁水。

将鸡放入旺油锅中，炸至金黄色时，锅离火口，用漏勺捞出，斩下头，劈开颈，将鸡颈放入盘中，鸡身拍松放上面，鸡头平放在鸡身前端(成双片头)。上桌时另带甜酱或番茄酱，蘸食。

特点

颜色金黄，皮香肉烂，蘸酱食之，味道鲜美。

滚

鲜嫩爽口的滚白切鸡，肉烂味香的滚白切肉，都是滚制烹饪技法的代表作。前者是汤滚，后者是水滚。

滚，是将肉类食物放到烧滚的上汤或清水里，利用汤、水滚开时的最高热能，使食物快速、均匀成熟。采用滚制烹饪技法，食物质嫩味鲜，捞出切片或斩块后，加入调味品，肉鲜味美，清爽可口。

滚制菜肴，看上去很简单，可实际操作起来，却是很要功夫的。为了加以说明，我们不妨“纸上说菜”，说说本文开头提到的“滚白切鸡”。

滚白切鸡：先用料酒在鸡身内外涂擦一遍，备用。猪肉汤倒入锅中，烧滚时放入鸡，用大火烧15分钟左右，将鸡捞出，稍冷，在鸡身上抹一层麻油，再将鸡切成3厘米长、6毫米宽的块，装到盘里，与两碟酱油同时上桌，食用时用鸡块蘸酱油。

制作这道菜的关键，一是要选用质量上乘的新鲜原料，如食谚所说“滚新不滚陈”；二是要有好的刀工，鸡肉块切得整齐利落，猪肉片切得既薄又匀；三是要掌握好火候，须滚至熟透。

滚制技法，不仅能直接加工菜肴，还是原料初熟加工的一种辅助技法。原料的初熟加工，也是检验厨师技术水平的一个重要方面。搞好原料初熟加工，需要具备足够的原料知识和用火经验。原料初熟加工的好坏，直接影响菜肴质量。所以，经验丰富的厨师除了紧紧抓住原料、刀工、火候三个关键环节之外，还特别注意以下几点：

一、前一天使用的上汤，第二天再用时，必须烧滚，才能保证继续使用的质量。

二、有些初熟处理过的原料，要及时掌握其新鲜程度，如果天气或厨房温度很高，有些熟料，半天就要滚一下。

三、滚原料时，不同的原料要分别滚制，不能用同一锅汤或水。

四、根据原料的不同质量、不同气味，适当掌握滚制时间。

五、前一天剩下的原料，需妥善冷藏，保持新鲜。如果原料变质，不可勉强滚制，因为即使再滚，也改变不了原料的质变。

滚，是一种常用的烹饪技法，与其相似的还有焯和烫，也都同样利用汤或水的最高热能。但是，滚、焯、烫，各有不同。厨行的师傅们就此提醒徒弟，必须弄清它们之间的区别，以便在烹调中各取所需。

焯，是将生原料放入水中加热，使其达到符合要求的成熟程度。猪排骨、牛肉块焯后排除血污，减轻异味。水煮牛肉的生牛肉片，焯后接近八成熟，能缩短后续的烹调时间。奶汁鲟鱼筋的鲟鱼制熟需3个小时，而奶汁鲟鱼筋的油菜心、口蘑等配菜，只焯一分钟就可成熟，事先把鲟鱼焯好，能使鱼和菜在同一时间成熟。白菜、凉瓜焯后色泽鲜艳，质地脆嫩。焯后的原料还易脱皮。焯和滚，在一次性成菜、选用原料和烹饪目的等方面，都有区别。

烫，也是利用汤或水的热能制熟食物。烫适于新鲜的蔬菜和鱼类食物，烫至断生，即可捞出食用。滚的食物，习惯上以鸡肉、鸭肉、猪肉为主，必须滚至熟透才能食用。烫和滚，在适用原料和需用的火候上，各不相同。

滚制技法菜例

滚白切肉

原料

猪后腿肉500克，蒜头、葱、姜末、酱油、醋、麻油、糖、精盐各适量。

制法

将猪腿肉整理干净，备用。

锅中放入冷水烧滚，放入猪腿肉，用大火滚一会儿，撇去面上的泡沫，盖好锅盖，改用小火烧20分钟后，连锅离火，放置一旁，焖约10分钟。

待锅中的汤微温时，将猪腿肉取出，先把肉皮切去不用，然后把肉打斜横纹切大片(愈薄愈好)，排列于盘中。

用刀将蒜头拍碎，切成末，与葱、姜末一同放入碗中，并加入糖、精盐、酱油、醋，混合。

麻油入锅烧热后，倒入佐料碗内，与其他佐料拌匀，淋在盘中肉片上即成。

特点

肉烂味香。

糟

香糟鱼块，香糟鸡块，香糟鸡蛋，香糟鸭丁，香糟蒸肉，葱香糟肉……从这些菜名便可以看出，有糟就有香，糟香浓郁。而且，糟制菜肴还具有色泽纯净、口味清淡的特点。

“糟”，是酒糟的“糟”。酒糟虽然也可以直接用作糟料，但多数时候，人们还是照配方下料，在糟里添加食盐、白糖、花椒、八角、桂皮、陈皮、茴香等调味料，制成风味不同的糟卤。再以这些糟卤为主要调味料，对肉类、蛋类、豆制品和蔬菜进行腌、浸或渍，制成菜肴。这种糟制烹饪技法，古已有之。

北魏的《齐民要术》中，有“糟肉法”的记载。南宋时出现了糟鲍鱼、糟羊蹄、糟黄菜、糟齑等多种糟制菜肴。元明清时期归纳出陈糟、甜糟、香糟、三黄糟等多种糟制技法。

糟制技法，在漫长的历史演变过程中，不断加以规范、整合。到了现代，人们给糟制技法进行了分类：一是以糟分类；二是以原料分类。

以糟分类的两种技法是：

红糟。将酒糟中的酒提取出去，加入红色食用色素后晒干，即成为红糟。红糟里加入适量的开水和食盐，搅拌均匀，然后把原料用纱布包好，同红糟一起放到坛子里密封。一星期后取出，解开纱布，即可食用。

白糟。保持酒糟本色，不加水。通常用800克白酒糟就可糟制1000克干鱼块。糟制时，将糟和鱼块同时放入坛里密封。一星期后取出食用。

以原料分类的两种技法是：

熟糟。将原料进行熟处理后糟制。整只鸡、鸭、鸽，或鸡爪、猪爪、猪肚、猪舌等原料，煮熟之后，整料或分割成较大的块，浸没在糟卤里，入味后便成了糟鸡、糟凤爪、糟猪爪……

生糟。未经熟处理的原料直接糟制。缸底铺一层食盐后，一层香糟、一层鲜蛋，再一层香糟、一层鲜蛋，依次往上铺，铺到最上面一层鲜蛋时，撒一层食盐，加入料酒，缸口加盖并用纸密封，两个月后，便制成了糟蛋。也可将肉类原料切成条或块，在糟卤中入味后，再烹制菜肴。

糟制的菜肴，有荤又有素，有大菜又有小吃。

糟熘鸭三白。是源自北京全聚德烤鸭店的一道传统名菜。选用熟鸭脯肉、熟鸭掌、生鸭肝、鸡鸭汤、香糟等，糟熘而成。光亮润泽，质地软嫩，鲜中透甜，糟香浓郁。

糟烩鞭笋。是一道经久不衰的素菜。源于宋代杭州孤山广元寺，距今已有上千年历史。相传是苏东坡出任杭州刺史时，将他的“食笋经”传授给寺院，经和尚研制而成。以嫩鞭笋肉为主料，经糟、煸、烩制成。笋肉鲜嫩，糟香四溢。此菜后来又从“寺院菜”变成了“市场菜”，从“素菜馆”走进了“荤菜馆”。

糟田螺。是久负盛名的上海小吃。选用大小相当的优质田螺，以调制好的糟卤为主要调料，糟煮而成。田螺肉鲜嫩坚韧，糟卤香味横溢，卤汁醇浓，肉卤同吃，更加鲜美。

糟蛋。浙江民间佐餐下酒的著名小菜，已有200多年历史。选用蛋壳略有裂痕的鸭蛋，插入铺有特制酒糟的甏中，糟渍4～5个月而成。质地鲜嫩，糟香醇厚。

各地厨师在糟制菜肴的实践中，积累了很多经验。归纳起来，主要有三点：一是原料新鲜；二是熟糟时，除了质地十分老韧的原料，糟制前煮至断生为好；三是糟制品在温度低于10℃时口感最好。

糟制技法菜例

糟煎茭白

原料

去皮茭白400克，香糟40克，精盐5克，味精2克，姜汁2克，清汤20克，葱油20克，奶汤10克。

制法

将茭白用刀削去老皮，切成滚刀片。

香糟放入碗内，加入清汤调匀后，用洁白纱布过滤，取出糟汁，备用。

炒锅放入葱油，在旺火上烧至四成热，移至微火上，放入茭白，煎5分钟(煎时不断翻动)，放入糟汁、奶汤、清汤和精盐，移至旺火上，用手勺推动约3分钟，再放入姜汁、味精，调匀倒入盘内。

特点

色泽白亮，糟香醇厚。

焙

有些人对焙不甚了解，以为焙就是烘。其实不是那么回事，焙是焙，烘是烘。《现代汉语词典》对此有明确的解释：

焙：用微火烘。例如：对食品、药品、茶叶、烟叶的焙制加工，焙一点花椒，焙干研碎。

烘：用火或蒸汽使物体变热或干燥。例如：用于烘干的烘箱，把湿的东西烘一烘。

准确地说，在烹饪技法里，焙是烘的一个分支。

这如同烘是由烤发展而来一样。焙，虽然也像烘那样不用大火、旺火，却又不能像烘那样可以使用蒸汽、添加水或汤汁。焙，只能用小火、微火，加热时间长而缓慢。

焙制菜肴的时候，将生的或熟的食物放到锅里，用铲不停地翻炒，锅下始终只用小火，在加热和翻炒过程中，去除食物的水分，焙至食物干燥或变软时，加入调味料。一般来说，为了突出焙制技法的特色，焙制菜肴，有的要七成干燥，有的要全部柔软，都应保持原料的颜色不变。

探究焙制技法，有几道传统名菜不能不提：

鲤鱼焙面。首创于河南开封的传统名菜，由“糖醋熘鱼”和“焙面”两道名菜配制而成。据《东京梦华录》记载，北宋时期，开封厨师以黄河鲤鱼为主料，配以白糖、香醋、姜末、料酒、食盐等调味料，勾流水芡，热油烘汁，使糖醋汁和鱼全部融合。色泽枣红，软嫩鲜香，甜中透酸，酸中微甜。这道菜曾受到清光绪皇帝和慈禧太后的称赞。另据《如梦录》记载，明代，开封每逢二月二“龙抬头”之日，官府和民间都以细面相赠，谓之“龙须面”。这“龙须面”的吃法不断改进，由水煮而油炸而焙制，因此又称“焙面”。1930年前后，开封名厨将制好的“焙面”盖在“糖醋熘鱼”上面，发明了“鲤鱼焙面”。鱼面合一，既可吃鱼，又可以面蘸汁，一道菜肴，两种食趣。后来还有了“先食龙肉，再食龙须”的美誉。这道菜，至今仍是开封的热销菜。

火焙鱼。顾名思义，火焙鱼就是用小火焙制的鱼。它不同于僵硬的干鱼、盐渍的咸鱼、水煮的鲜鱼，而是半干半湿，外黄内鲜，兼备活鱼的鲜、干鱼的爽、咸鱼的味。焙好之后，完整如初，不粘不烂，不焦不枯，香喷喷，金灿灿。而且，火焙鱼都是小鱼、活鱼，更符合“鱼吃跳”、“鱼吃小”的营养要求。据《毛泽东保健饮食生活》一书的介绍，毛泽东喜欢吃家乡韶山的火焙鱼，以致后来挂有“毛家菜”招牌的饭店，都有火焙鱼这道菜，有的甚至还要在菜谱上特意注明：“毛家火焙鱼”。

醴陵焙肉。在湖南省东部的醴陵地区，特别是那里的乡村，每年立冬之后，很多人家都要制作焙肉。他们把大块的猪肉用盐腌起来，过了十天半月，将腌好的肉挂在柴火灶上，用烟火慢慢地焙制，直到瘦肉绛红、肥肉通明、肉皮微黑时，收藏起来，一直吃到第二年的三四月份。醴陵焙肉现在已经走出醴陵，那特有的干香味和熏香味，越飘越远。

焙被列为“不常见的、主要烹调技法的分支技法”。笔者就此向中国烹饪大师冯志伟请教，他说：“从中餐烹饪的总体角度来讲，烘、焙、酥等技法在某些地区很流行，而且各有所长，具有特殊的技术价值。”他还提到一个专业名词：焙粉。焙粉是发面用的白色粉末，是碳酸氢钠、酒石酸和淀粉的混合物。焙粉也叫“发粉”、“起子”。

此番探究，因“起子”而受到启发：焙，不仅制作菜肴有独到之处，也是制作面点的“常见的、主要的技法”。

焙制技法菜例

焙鸡肉松

原料

鸡胸脯2个，花生油、白酱油、料酒、精盐、姜片各适量。

制法

将鸡胸脯肉洗净沥干，以刀直剖为两大块，连皮带骨放入铝锅内，加水盖过鸡身，放入姜片，用大火烧滚，撇去水面上的浮沫，改用文火煨1小时，然后将鸡脯肉取出，汤倒入碗内备用。

将鸡的皮和骨拆除不用，姜片捞出不要，鸡肉撕成细条仍放入锅内，加入白酱油、料酒、精盐和鸡汤，拌匀，再用文火煨约30分钟，见鸡脯肉极烂，汤汁也干，即把鸡脯肉盛出，细细撕碎备用。

将锅烧热，先放入少许花生油润锅，接着倒入鸡肉丝以文火焙炒，见锅太干燥时，再将少许花生油从锅边淋入，续以微火焙炒，见鸡松色黄质干，就可装盘食用。

特点

松脆，味香。

浸

油浸笋壳鱼、五柳浸红海斑，这两道菜肴都是采用浸制烹饪技法制作的。制作过程如下：

油浸笋壳鱼：原料经腌味后，放入揣离火位的热油中，加盖浸至油温降低，再揣回火位，使油温升高，原料约六七成熟时，再揣离火位，至原料浸熟为止。通常，较小的原料浸一次，较大的原料浸两三次，每次浸约五六分钟。原料浸熟后，撒上葱丝、姜丝、香菜段，淋上热油，浇上由豉油、上汤、味精调制的清汁，即成。

五柳浸红海斑：原料放入滚汤中浸熟，撒上葱丝、姜丝等调味料，淋上热油，浇上有料芡汁，即成。

这两道菜的浸制，统称为“热浸”。热浸充分利用了“刚柔相济”的火候，在水或汤沸腾时下料，让原料骤然受高温加热，使外皮紧缩，形成脆性，同时也能清除异味。随后离火，水温缓缓下降，成为性质不太猛烈的柔性热能，不断渗透到原料内部，并有足够温度使原料组织变性，在失水较少的情况下成熟。这不仅防止了原料因蛋白质过度变性而凝固发硬，也使各种鲜味物质的鲜香味较少外散。

原料在热浸过程中，除投入适量葱、姜、料酒，用于清除异味，一般不加其他调味料，以利于突出原料的本味。浸制原料大都形体较大，或者是鸡、鱼等自然形态的整料，浸熟改刀后装盘，与味料碟一起上桌，食用时将味料浇在菜肴上面，或者蘸味料吃。

热浸菜肴的原料，必须细嫩易熟。比如，品种优良的当年仔鸡、肉质细嫩的鲜活鱼虾。由于原料的限制，热浸菜肴品种不多，但影响较大。

油浸笋壳鱼是油浸菜肴的代表菜。五柳浸红海斑则是汤浸菜肴的代表菜。

在中餐烹饪技法里，与热浸相对应的，还有个“冷浸”。水浸和汤浸的原料，一般都要经过“热浸”、“冷浸”两个步骤。

热浸，是利用烧沸的水或汤进行浸制。一种方法是，把原料放入沸水或滚汤中，离火降温，浸至断生刚熟，也可用小火保温至熟；另一种方法是，把原料放入铁丝笊篱，用手托住，下到沸水或滚汤中浸制片刻，立即捞起，抖去水分，然后再浸、再抖，如此反复三次以上，将原料浸至嫩熟。后一种方法虽然比较费工，但由于操作精细，能有效控制浸制“过火”，有利于原料成熟度的恰到好处。

冷浸，是将浸熟原料捞出，立即投入冷开水或冷汤之中，浸30分钟左右。如果是大件原料，浸前切成若干块，以便浸凉冷透。熟料冷浸，能起到原料保鲜、保色、保脆的作用，本色更加鲜明，表皮更加爽脆，肉质更加细嫩。

“热浸”后“冷浸”，不仅是冷菜制作的基本方法，也是制作热菜、热菜预制的方法。难怪有人说，浸是一种特殊的烹饪方法，它既适应水和油不同的传热介质，既能制作冷菜和热菜。

浸制菜肴，保鲜，保色，保脆，具有味原性物质多、自然色泽好、汁多含浆、鲜嫩脆滑的特点。

浸制技法菜例

油浸鲳鱼

原料

鲳鱼（约750克），精盐150克、酱油50克，料酒3克，香油2克，姜5克，白糖10克，胡椒粉1克，味精2克，花生油800克

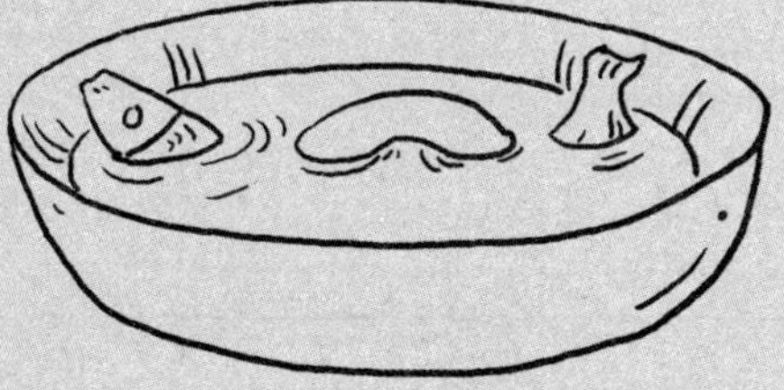

（实耗60克），香菜少许。

制法

将鲳鱼处理干净，剞花刀。

精盐、酱油、料酒、香油、姜、白糖、胡椒粉、味精，一起放入容器，搅拌均匀，放入鲳鱼，加盖，腌制4～5小时。

锅里放入花生油，烧至五成热时，加入鲳鱼，停火，用油余温把鱼浸透至熟。如果一次没浸熟，将鱼捞起，油锅端回火位加温，待油温升高后，将捞出的鲳鱼放回油里浸制，直至浸熟，捞起，控油装盘，用香菜围边即成。

特点

鱼肉洁白，嫩滑鲜香。

拼

拼，是把两种以上菜肴摆在一个盘子里，拼成菜，也称拼盘。拼盘的盘较大，盘里的菜肴，可荤可素，可凉可热，还可以是丝、片、块等不同形状。一个色、香、味、形俱佳的拼盘，是餐桌上十分耀眼的亮点。

鸳鸯戏水：把炝制的鱿鱼片摆到盘里，铺垫成鸳鸯的基本形状；把炝制的黄瓜片和红肠切成椭圆形片，码成鸳鸯的羽毛；用黄蛋糕切成鸳鸯的头，镶上嘴和眼睛，安在鸳鸯身上；用胡萝卜和黄瓜切成鸳鸯翅膀的羽毛，摆上去，把黄瓜切成2毫米的细丝，摆成水纹形状。如此这般，鸳鸯戏水便现于餐桌，生动逼真。

三镶冷盘：把叉烧肉切成薄片，鸡蛋打散成液，加入少量面粉，上锅蒸成鸡蛋糕；把鸡蛋糕晾凉，切成方形片。把虾籽油焖笋炒熟，晾凉，沥去汁水。把鸡蛋片和笋放到盘里，摆成整齐的“品”字形，上面放姜丝，再浇上用酱油、白糖、香油、味精、醋调成的味汁。这个拼盘，红、绿、黄三色相间，赏心悦目。

四世同堂：把鸡蛋、鸭蛋、鸽蛋、鹌鹑蛋煮熟，去掉外壳，做成兔子形状。把红肠、蛋糕切成薄片。把去皮切片的莴笋和青菜心用开水焯一下。盘底排放蛋糕片；蛋糕片上面摆红肠；红肠上面摆蛋，大蛋居中，小蛋依次摆在旁边。空隙处摆莴笋片和罐头蘑菇，再把青菜心放在各种蛋之间。这个拼盘，四蛋相聚，造型美观，别有情趣。

一个个拼盘，既有观赏价值、食用价值，又能刺激食欲，还能增强宴席气氛。随着生活水平和烹饪技艺的不断提高，拼制技法被广泛应用。厨师娴熟的刀工技艺和良好的艺术素养相结合，使得“盘中生花”！

在层出不穷的拼制菜肴中，烹饪专家总结出三个特点、三种类型、五种拼法。

三个特点：①食用性。拼制菜肴的食用性是第一位的，忽视了这一点，再美的造型也没有意义。②技术性。拼制菜肴是进行烹饪艺术创作的基本技能，通过刀工的运用和火候的掌握，提高菜肴质量。③美术性。拼制菜肴最能体现菜肴形式美的考究，使之具有艺术观赏价值。

三种类型：①平面形。利用形态和色泽的对比拼摆成形。刀工整齐，线条分明，色彩协调。例如，什锦拼盘、菱形拼盘、太极拼盘。②卧式形。利用多种冷菜原料，拼摆成各种图案，展现美观大方、形态逼真的画面。例如，百花争艳、双色拼盘、鸳鸯戏水。③立体形。利用多种原料，运用多种刀法，拼摆成一个完整的立体造型，整体美观，四周和谐，真实感强。例如，立体花篮、糖油菊花、亭台楼阁。

五种拼法：①排拼。把切好的原料整齐而规律地排放到盘里，排出各种形状。②堆拼。把原料改刀成条、丝、粒、末等不同形状之后，堆成馒头形、塔形或简单的花纹图案，放到盘里。堆拼多用于单盘围碟。③叠拼。用加工成片的原料，按瓦楞形整齐地叠放在盘里。④围拼。把加工好的原料放在盘里，拼摆成环形。⑤覆拼。把切好的原料排列在碗里，碗口呈平面，再覆扣到盘里，使底面朝上，多用于冷菜。

拼制菜肴时，各种拼法可以单独使用，也可以综合使用。堆与围、堆与叠、排与叠、覆与围，这些拼法用于一个盘中，会取得更加理想的效果。

另外，还可以通过多种刀法，把冷菜、熟料加工成不同形状和色彩，然后拼摆成各种花、鸟、虫、鱼等图案。这种拼法，对技巧和艺术性的要求更高些。

拼制技法菜例

双色蛋花

原料

松花蛋4只，煮鸡蛋3只，胡萝卜、香菜、醋、酱油、香油、姜末各适量。

制法

将松花蛋剥去外皮，每个纵向切成4瓣。鸡蛋剥去外皮，其中2个纵向切成4瓣，另一个从鸡蛋中间刻成锯齿形横齿，入刀要深至鸡蛋中心，然后掰开备用。

胡萝卜剁成碎末，香菜洗净用几片小叶。

醋、酱油、香油、姜，调成味汁。

两瓣松花蛋相对一组，摆成圆形，成为7个花瓣。在每瓣松花蛋上部摆一瓣松花蛋，蛋面朝上，在7组每瓣松花蛋的间隔中，再摆一瓣松花蛋，蛋面朝下。鸡蛋瓣按花形取7瓣摆在每组花的中间。中心部位放刻好的鸡蛋，下面垫少许香菜叶，上面撒上胡萝卜碎末。

食用时调入三合油。

特点

造型美观，清爽适口。

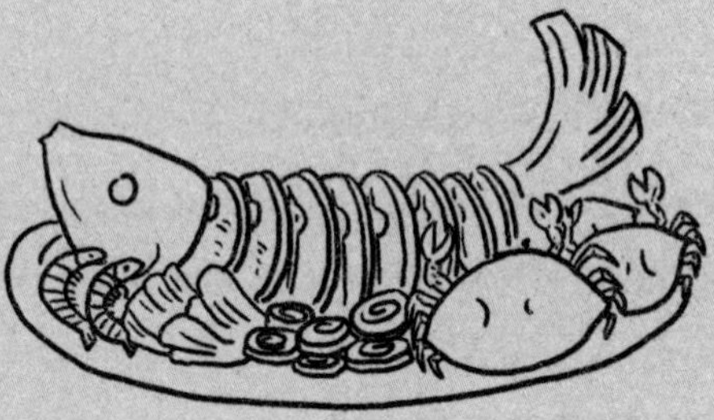

甜

图书市场上的烹饪书籍日趋繁荣，笔者打开其中的一本，在“内容简介”中看到：“主要烹饪技法有：炒、烧、炸、爆、熘、甜、卤……”

甜，也是烹饪技法吗？不禁顿生疑惑。

这又让笔者忆起，不久前与一位朋友谈及烹饪技法，那位朋友说：“烹饪技法是实现烹饪目的的主要手段，应该把它从‘菜谱附属物’的地位提升起来，作为一个独立项目来加以探究。比如，技法的定义、技法的性质、技法的选择、技法的关键、技法的沿革，等等。”

眼下这书中的“甜”，就很有必要探究一番。

提到甜，人们通常会这样联想：首先是它的味道：甜津津，甜丝丝，甜头；其次是与它相关的植物：甜菜，甜瓜；还有以它为佐料的食品：甜味菜肴、甜味汤羹、甜味小吃；也还有含甜字的词汇：甜美、甜蜜、甜言蜜语、甜酸苦辣。

提到甜，人们通常不会把它与煎、炒、烹、炸并列，也视为烹饪技法。然而，看过中国三峡出版社出版的《“味”型菜谱》一书，却不能不把甜和烹饪技法联系在一起——甜，也是一种烹饪技法。

在《“味”型菜谱》的“目录”之下，一共有34种味型。在这34种味型之中，干烧味的“烧”、锅塌味的“塌”、清蒸味的“清蒸”、蜜汁味的“蜜汁”，都是地地道道的烹饪技法。由此看来，有些“味型”也是“技法”。

“味型”与“技法”，你中有我，我中有你。这在上海辞书出版社出版的《中国烹调技法集成》中，也得到了证实。这本被称为“厨艺工作必备手册”的工具书，把烹饪技法分为三个层次：

一是按导热介质为依据的技法分类；

二是以主要工序为依据的技法分类；

三是以形成菜肴的多种因素为依据的技法分类。

在“第三层次”当中，“一些具体技法都是由基本技法派生出来的，而和基本技法又有一定的差异，加上各地区采用多种依据命名的方式，如火力大小、加热时间长短、原料的生熟和体形整碎、质感、色泽、味型等，以致这类具体技法十分繁杂。”甜，在“十分繁杂”的烹饪技法中，便是以味型命名的烹饪技法。

在烹饪活动中，甜味可以单独用于调制甜味菜肴，也可以参与调剂甘美可口的复合味型菜肴，还可以用于去苦、去腥的矫味，并具有一定的解腻作用。

甜，是一种让人乐于接受的味道，也是菜肴中无可替代的味型。菜肴中的甜味，有的来自菜肴原料本身的甜味，有的是添加的甜味。无论酸、甜、苦、辣的四种原味，还是苦、辣、酸、甜、咸的“五味”，都少不了甜味菜肴，统称甜食，分为三个系列：

第一系列：甜味菜肴，代表菜有糖醋排骨、拔丝山药、冰糖四喜丸子、蜜汁桂花板栗；

第二系列：甜味汤羹，著名的有冰糖银耳、酒酿银耳、玉米莲子羹；

第三系列：甜味小吃，常见的有甜沫、甜醅、桃脯、糖葫芦、牛肉松。

每一系列甜味菜肴的制作，都离不开甜制技法。有时，也还需要同时运用其他烹饪技法。

有的加糖菜肴，加糖“用以提鲜而不觉其甜”，这又属于调味技法，其实也是烹饪技法。

甜制技法菜例

水晶桃

原料

鲜桃10个(约800克)，山楂糕20克，白糖200克。

制法

将鲜桃洗净，用小刀在每个桃中间拉一刀，然后用手掰成两半，核朝下平摆在笼屉上，入笼蒸透取出，趁热去皮去核，切成橘瓣状的块，放入碗内，加入白糖100克，上笼蒸透时取出。晾凉后放入冰箱。

山楂糕切成1厘米见方的丁。

炒锅内放入清水、白糖，烧开后撇去浮沫，用小火烊成糖卤倒入碗内，凉后放入冰箱冰镇。

将冰好的桃扣入盘内，浇上冰镇好的糖卤，撒上山楂糕丁。

特点

形似水晶，清凉爽口，软烂香甜。

塌

在一部烹饪专业书里，为了把烹饪技法讲述清楚，特意写出塌的工艺流程：选料→刀工处理→腌渍及糊浆处理→入锅加热→烹汁→成菜装盘。塌，确实比较复杂，是一种综合性质的烹饪技法。

制作塌类菜肴，选好原料之后，还有七道工序，既不可少，也不能乱，各有妙用不同。

一、塌制菜肴的原料形状，通常要改刀制成小片。形如圆饼，是塌制菜肴的一个明显特点。例如，去皮、去骨后的鱼，修成圆扇形，用以加工鱼类名菜“锅塌鱼扇”。

二、塌制菜肴强调好滋味，备料之时便是入味之始。例如，制作“锅塌豆腐”，先把200克北豆腐的表面硬皮片去，洗净，切成长方形片，摆入盘中，撒上盐0.5克、味精0.5克、少许葱姜末，再淋上料酒5克，腌渍入味。

三、塌制菜肴好看又好吃，得益于挂糊。通常选用色彩明显的蛋黄糊、全蛋糊，使菜肴表面呈鲜艳的金黄色。通过加热，所挂之糊形成一层厚膜，大量吸收味汁，从而形成浓厚丰润的滋味。

四、塌制菜肴兼用煎制技法。炒勺或平底锅里加入少量油，烧至六成热时，放入挂糊原料，用中火煎，两面呈金黄色。

五、塌制菜肴两次调味。在原料腌渍入味的基础上，煎制之后加入料头、汤汁，进行第二次调味，使菜肴达到“味中有味”的效果。料头，多用葱丝、姜丝、干红椒丝等。加入的少量汤汁，能使菜肴滑嫩，不像煎制菜肴那样干硬，又能使汤味入菜。

六、塌制菜肴，煨制成菜。塌制菜肴在采用煎法之后，烹入汤汁，既起到回软作用，又煨透入味。煨至汤汁收尽或略有余汁时，塌制菜肴就制成了。

七、成菜装盘。集煎法和煨法于一菜，塌制菜肴端上餐桌，果然“细里见功夫”：形如圆饼，色泽亮丽，酥松软嫩，鲜香味浓。

塌制技法，不仅工艺比较复杂，而且名称多多：锅塌、油塌、汤塌、水塌、糟塌、松塌、南塌。名称不同，缘于塌法不同，主要区别在于原料的加减。例如：糟塌，塌时加些香糟；南塌，塌时加些糖；松塌，塌时加些松子仁……

目前，烹饪行业广为应用的塌法，主要有锅塌、油塌和汤塌。操作要领也各不相同：

锅塌：原料改刀时，形状要一致，以便腌渍、挂糊和受热均匀。煎前煎后调味时，要掌握好用料比例，特别要防止口重。烹入的汤汁，以煨透原料、保持成菜表面滋润和略有汤汁为准。

油塌：原料只限于猪肉、牛肉、鸡肉等畜禽肉类，原料的形状只宜切片。原料保持圆饼形状，不能脱散，最后采取“半烹半煨”的技法，即汤汁少些，烹透原料，略加煨制。

汤塌：汤塌也称水塌。汤塌多用畜禽和海鲜品等肉类原料，严格限制调味料的使用，成菜口味多以酸辣为主。汤塌菜肴具有半菜半汤的特点。成菜多用浅碗或窝盘盛装，菜肴略高出汤面。

最后说明一句，“塌”字用于烹饪技法，来自山东土语，现已广为使用。

塌制技法菜例

锅塌鱼肚

原料

水发鱼肚200克，鸡蛋黄3个，火腿丝10克，水发冬菇10克，黄瓜皮丝10克，清汤200克，料酒10克，葱姜丝6克，精盐3克，湿淀粉30克，干面粉200克，白油200克。

制法

将鱼肚用沸水汆透，捞出挤干水分，片成长6厘米、宽2厘米的片，放入少许精盐、料酒拌匀，然后每片鱼肚沾上一层薄面粉。

火腿、冬菇、黄瓜皮均切成长3厘米的细丝。

鸡蛋黄、面粉、湿淀粉调成糊，备用。

炒锅内放入白油，烧至五成热时，把沾好面粉的鱼肚再沾上一层蛋黄糊，放入油内煎至两面呈金黄色，滗去锅内余油，放入葱姜丝、清汤、精盐、料酒，在微火上将汤焯至快干时，大翻勺出锅，撒上火腿丝、冬菇丝和黄瓜皮丝，淋上少许白油。

特点

色泽金黄，鱼肚软嫩，味美可口。

火局

焗，是烹饪行业的一个常用字。焗，由“锔”字演变而来。锔，俗称“锔子”，用来缚住破旧的物体。例如，锔缸、锔锅、锔碗。

焗，在烹饪中，是锁住香气的意思。

焗，在广东方言中，有“烤”的意思。广东厨师称进口的西式烤箱为“焗炉”。

焗制烹饪技法，最早出现在广东沿海一带。古代，广东盐民把打捞的鱼、虾等治净，用纸包裹起来，埋到热盐里，利用热辐射使之成熟。这就是最早的盐焗法。

如今，焗制烹饪技法已遍及全国各地，主要有以下几种：

物料焗。利用盐、石灰、蛎灰等物料焗制。例如，广东用盐焗制的“盐焗鸡”；广西桂林用石灰焗制的“无火烹饪鸡”；福建厦门用蛎灰焗制的“无火烧鸡”。焗制之鸡，都是先将鸡治净，焯水后涂酱油，晾干，将调味料装入鸡腹，用纱纸、锡箔纸或荷叶等将鸡包好裹严，有的埋入热盐里，利用热辐射将鸡焗熟；有的埋入生石灰或蛎灰里，然后往灰中泼水，使灰生热，将鸡焗熟。成菜之后，鸡皮软润，髓带血色，鲜嫩醇香。

炉焗。利用烤炉或微波炉焗。把原料包裹后，装入焗盆，送到烤箱里焗制。还可以不包裹原料，直接装入焗盆，加入上汤，放到微波炉里焗制。炉焗的菜肴，原料内外成熟一致，质地醇烂，香浓味鲜。

瓦罐焗。瓦罐焗又叫原汁焗。有两种焗法：一是先码味、上色或拍粉，放到瓦罐里，加入油，焗至成熟，斩件装盘；二是先焯水处理，然后装入钵里，加入汤、调味料，炖至断生，捞出晾凉，拍粉，过油，再放回钵里，再加入汤、调味料，放到火上焖焗。焗好之后，斩件装盘，淋汁食用。因为瓦罐密闭性好，主料、配料、调味料的鲜香味不易挥发，滋味浓郁隽永，质地滋润细嫩。

镬上焗。镬上焗也叫汤焗、烧焗。镬上焗的炊具为铁锅。原料治净之后，或炝锅炒制，或过油后炒制，或上色、码味再过油、炒制，加入汤、调味料，炒匀后加盖焖焗。焗熟之后，大块原料斩块装盘，淋汁食用；小件原料，有的不出锅，原锅勾芡，淋明油，炒匀装盘。镬上焗的菜肴，肉质滑润，本味突出。

酒焗。以玫瑰酒焗乳鸽为例：乳鸽治净，装到钵里，钵内横放筷子，鸽体悬于钵底之上，两鸽之间放玫瑰露酒一杯，钵加盖，放到锅里，中小火加热至熟。酒焗之鸽，因酒料蒸发渗入鸽中，鸽肉酒香浓郁，色褐而滑嫩。

葱焗。将虾类原料治净，调味，放到滚油锅里炸黄，捞出后用纱布包好备用。另起油锅，将切成寸段的小葱爆香后，将炸黄的大虾放到葱段中间，盖好锅盖，用小火焗15分钟，出锅装盘，淋麻油食用。葱香浓郁，虾鲜味美。

焗制技法菜例

盐焗鸡

原料

光体肥嫩母鸡1只（重1500克），香菜25克，盐15克(不包括焗鸡的粗盐)，味精4克，大料粉2.5克，沙姜(即山奈，中药)末2.5克，葱段10克，姜片8克，熟猪油120克，植物油15克，香油5克。

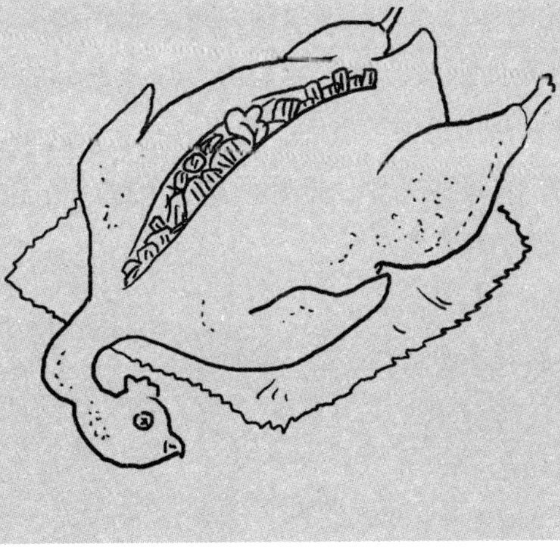

制法

将鸡洗净，放入开水锅中焯烫，除去血污，紧缩鸡身，捞出，吊起晾干水分，去掉趾尖和嘴上硬壳，用刀背敲打一下颈骨(不要敲断)，放入容器内，先用盐5克擦匀鸡内腹，填入葱段、姜片和大料粉，腌制后，用一张纱纸包好，再加包一张涂上植物油的纱纸，即成焗鸡的坯料。

锅架火上，小火烧热，放入盐5克，炒几下，放入沙姜末拌匀，分别盛入3个小碟内，每碟加熟猪油15克，拌匀，即成佐食调料。

碗里放入熟猪油75克，盐5克，香油5克，味精等，调匀，即成为焗鸡的调味汁料。

大锅架在火上，下入粗盐(约3500～4000克)，旺火炒至盐变成红色，取出四分之一，铺放在沙锅底部，放入鸡坯料，其余热盐盖在鸡上面，加锅盖，移到小火上焗约半个小时。盐温降低后，按原来的炒盐埋盐办法再焗一次，即可焗透。

将焗好的鸡取出，去掉纱纸，用手剥下鸡皮，鸡肉撕成条、块，将骨头拆散，放入容器内，加入制好的调味汁料拌匀，码入盘中，先用骨头垫底，鸡肉放在骨头之上，再将鸡皮盖在鸡肉上，复原成鸡形；把香菜择洗干净，切成寸段，围在鸡两边，另跟佐料上桌。

特点

肉质鲜嫩，干香适口。

烫

在清代著名美食家袁枚的《随园食单》里，有一道名菜“肥鸡白片”，被列为“羽族单”之首。这“肥鸡白片”，也就是如今各地饭店里的白斩鸡。经久不衰的白斩鸡，从原料变为菜肴的整个过程，就是烫来烫去……

先是烫鸡褪毛。把鸡放到60～70℃的温水里，浸烫3～5分钟后，将烫好的鸡毛褪净。接下来，仍采用烫制技法，让白条鸡变成白斩鸡：把去除内脏的白条鸡揩干，放到微沸的水里浸烫。浸烫时，一次次将鸡提起，倒出腹腔内的水汁后，再一次次浸烫，让鸡体内外均匀受热，烫至断生时，取出，用芝麻油涂匀，色泽油亮。斩块上桌，蘸调味汁食用。鸡皮爽，鸡肉滑，鸡骨软，原汁原味，鲜美甘香。

这道大名鼎鼎的传统菜，居然只是烫制而成！

由此及彼，厨师们让烫制技法在烹饪活动中有更大的作为。于是，在大小饭店的菜谱里，烫制菜肴及其特点，跃然纸上：

烫花鸭掌——花枝气味芬芳，鸭掌鲜嫩爽口。烫芹菜段——芹菜碧绿，海蜇透白，清香可口。烫椒虾仁——鲜香味美，清爽适口。水烫豆腐——豆香味浓，软嫩顺口……荤的可烫，素的也可烫。

再深入探究，就会发现，用来烫制原料的液体，不只是水，也有汤，还有油。

水烫：把冷水倒入锅里，烧滚。用来烫肉类、烫鱼类、烫素菜。烫素菜时，往往烫至七成熟捞出，用冷水漂冷，再回锅加热，烫制效果更好。例如，水烫豆腐。

汤烫：把过滤后的鲜汤倒入锅里，烧滚。利用汤的热能和鲜味烫制鲜嫩的原料，可使菜肴鲜而又鲜。例如，烫花鸭掌。

油烫：油烫也称“过油”、“拉油”。把油倒入锅里，烧滚。腌过的原料下锅，烫熟。油烫的蔬菜，质地更嫩，色泽更美。油烫的荤菜，还能去除部分油脂和腥味。例如，烫椒虾仁。

烫，可以利用不同的传热介质。接下来，怎么烫呢？也很有讲究：

浸烫：代表菜为广东的白斩鸡。把鸡浸入沸水中，提浸数次，烫熟为止。

氽烫：代表菜为福建的鸡汤氽海蚌。海蚌先氽制，后烫制。

冲烫：代表菜为江苏的烫干丝。用沸水冲烫干丝数次，使之成熟。

原来，烫制技法并非简单的一烫了之。烫制菜肴，具有清利少油、柔脆爽嫩、清新适口的特点。否则，烫也就没有必要从煮演变而来了，也不会早在宋代就有了关于烫的种种记述。

从古到今，人们得益于烫制技法，加热时间短，往往断生即可食用。也正因为这样，厨师们在烫制菜肴时，总是慎重行事：

一、务必保证食品安全。如果烫制的原料不清洁，极易感染疾病。例如，蚶子已被污染，烫食就很不安全。采用烫制技法的一个重要前提，就是原料必须清洁、新鲜。

二、突出风味特色。为了保证烫制菜肴独特的风味特色，所用原料，一般不事先码味，而是烫后浇汁或蘸味料食用。

三、掌握好家禽烫毛的时间和水温。家禽宰杀后，一般应隔10分钟左右煺毛，不宜太早或太晚。煺毛太早，禽体肌肉痉挛，皮紧，不易拔煺；煺毛太晚，禽体僵硬，毛孔紧缩，也不易拔煺。烫煺家禽的水温，鸡为60～70℃，鸭、鹅为70～80℃。烫毛时间，通常为3～5分钟，以轻易拔掉羽毛而不破损皮肤为度。

烫制技法菜例

烫椒虾仁

原料

大青椒、鲜虾仁各250克，鸡蛋清1只，精盐、花生油、面粉各适量。

制法

大青椒去杂洗净，切成丝，放入小盆内，加入少许精盐拌匀，备用。

鲜虾仁放入小盆内，加入少许精盐，用手指轻拌干洗，然后用清水漂洗干净，沥干水分。另用鸡蛋清加少许面粉拌匀成浆，即把虾仁放入，浸泡，备用。

菜锅洗净擦干，置于火上，倒入500克花生油烧至五成热，关掉火，将虾仁弄散，倒入油锅中，烫至弯曲时捞出。

将锅中的油烧热，青椒丝入油锅中烫熟，捞出倒入盘中，虾仁放在青椒丝上，趁热食用。

特点

鲜香味美，清爽可口。

淋

淋，也是一种烹饪技法。《中国烹饪百科全书》对淋有明确的定义：“原料不下锅，以热油浇淋成菜的烹调方法。”

淋，还是出现较早的烹饪方法之一。宋代陶谷的《清异录》记载，唐代韦巨源烧尾食单上便有淋制菜肴：“丁子香淋脍”。

尽管古今烹饪图书都有关于淋制技法的记载，但它的现实知名度不高，不像“煎炒烹炸”那样众人皆知。就连《中国烹饪百科全书》也因此写道：淋法“现在应用也不广泛，仅见于四川、湖南、广东、北京等地。”

毕竟淋制技法独具特点—原料不下锅也能制作美味佳肴，便依然生生不息，并没有完全被其他烹饪技法所代替。《中国烹饪辞典》把“芥末鸭掌”、“银芽鸡丝”写在了淋制技法的菜例里；《中国烹饪百科全书》也把四川的油淋仔鸡、湖南的油淋庄鸡、广东的炸脆皮鸡、北京的浇油鸡写在了淋制技法的名下。

这些淋制的菜肴，有一个共同的特点：鲜香细嫩，爽利适口。

这是因为，淋制技法选用原料是很挑剔的。一般来说，只有稚嫩的禽类、鲜活的鱼类、时鲜的蔬菜，才适宜淋制。比如，仔鸡、嫩鸭、乳鸽、鹌鹑、雀、鲩鱼、生菜。

适宜淋制的原料，有生淋、熟淋两种技法可供选择：

生淋，是指生原料直接油淋成菜的技法。四川油淋仔鸡是生淋的代表菜之一。在四川，制作油淋仔鸡，选用嫩公鸡，治净后先码味，吸干水分，用八成热的油淋烫，直至熟透，呈金黄色，刷芝麻油，斩块，再淋上备好的味汁，即成。

熟淋，是指原料通过蒸或煮制熟后淋油成菜的技法。在广东，炸脆皮鸡是熟淋的代表菜之一。这菜名中的“炸”，烹饪时是“淋”。熟淋广东炸脆皮鸡，选用嫩母鸡，治净后，先用卤汤浸煮，然后挂一层糖浆（可用蜂蜜水或饴糖水），待其表面风干后，置于油锅之上，用手勺淋油，直至淋熟，皮呈红色，斩块装盘，蘸糖醋芡汁或焦盐食用。

无论是生淋，还是熟淋；也不管是稚嫩的鸡，还是鲜活的鱼，一般是整只鸡或整条鱼进行淋制。淋制的鸡，成熟之后才斩块装盘。淋制的鱼，大都不改刀。

菜肴从淋制到端上餐桌，通常的操作程序是：原料治净，码味；熟淋时，锅上有盛装原料的设备，可以是吊钩，可以是漏勺，也可以是笊篱，将原料放入其中；舀热油浇淋原料，直到原料被淋得由生变熟；原料改刀或不改刀，装盘；给原料浇汁或蘸味料食用。

淋制技法，是中餐烹饪不常见的技法，但从某些地区来说，往往很流行，而且各有所长，具有一定的技术价值。

顺便说一下，目前烹饪行业有一个比“生淋”、“熟淋”出现频率还高的临灶用语——“淋油”。淋油，也称“搭明油”、“包尾油”、“批油”。菜肴制成后，根据具体情况，淋入适量芝麻油、鸡油，或者其他油，这个过程，称为“淋油”。淋油应注意三点：一是淋油要在菜肴的芡汁成熟后淋入，否则会使菜肴解芡，色泽发暗，并带有生粉味；二是淋油要适量，太多易使芡脱落；三是淋油要根据菜肴的色泽和口味要求，一般地说，白色、黄色和口味清淡的菜肴淋入鸡油；红色、黑色的菜肴淋入麻油；辣味的菜肴淋入红油。厨师巧淋油，菜肴有“五增”：增色、增香、增味、增亮、增滑。

淋制技法菜例

生淋鲩鱼

原料

活鲩鱼1条（重约1000克），猪油100克，味精5克，上汤100克，湿香菇10克，白糖75克，膘肉75克，淀粉水50克，芹菜茎2条，荸荠肉100克，白醋50克，葱、姜、红辣椒、芝麻油、酱油、味精各适量。

制法

鲩鱼去鳞、鳃，开腹洗干净（注意去掉鱼腹内骨边的污血）后，拭干水分，用刀在鱼背两面直刀划开（便于热气渗入）。

专用木桶用开水淋过，桶里放2条竹筷垫底，将鱼放于竹蔑笪上，然后把盛鱼的竹蔑笪放在竹筷上面。

锅里的清水烧开，倒入另1个木桶中，然后把开水从盛鱼的木桶边缘淋入（开水不可直冲鱼身，防止鱼皮破裂），沸水以溢满鱼身6厘米为宜，迅速将桶盖盖紧，约25分钟后，将鱼取出，盛入鱼盘，浇淋猪油。

香菇、芹菜茎、膘肉、姜、红辣椒，均切成小粒，用上汤泡熟，加入味精、酱油，下锅用淀粉水搅成薄芡，为咸酱料，盛入碗中；荸荠肉、膘肉、红辣椒、姜、葱，均切成小粒，下锅炒熟，加入猪油、白醋、白糖、酱油、芝麻油，用淀粉水搅成薄糊，为酸甜料，盛入另一碗中。咸酱料和酸甜料一起上桌，作为佐料蘸食。

特点

鲩鱼原味，鲜香细嫩，爽利适口。

拔丝

拔丝苹果，拔丝西瓜，拔丝蜜橘，拔丝地瓜，拔丝芋球……拔不尽的丝，道不完的菜。

拔丝菜，金丝缕缕，风姿翩翩。人们喜欢它，不仅因为它色泽美观、光润透亮、甜脆香软，还在于它能拔出晶莹闪烁、丝长透明的丝条，令人心花怒放，情趣大增。

拔丝菜，如同“樱桃好吃树难栽”，好看，好吃，也好玩，却不是那么好做。

第一，火候不能太大，否则糖浆变化太快，不便观察；火候也不宜太小，否则容易造成“翻沙”——糖浆又变成了固体。

第二，原料下锅挂浆时，必须是刚出锅的热原料，如果是凉原料，粘上去的糖浆会脱壳。

第三，盛装拔丝菜肴的盘子，要先预热，装盘后才不粘盘底，也不会在拔丝菜的底部结成大硬块。

“这三点，都做到了吗？”烹饪专家在厨师培训班上问道。结果，摇头的多，点头的少。

烹饪专家提到的“这三点”，是历代厨师不断积累的宝贵经验。拔丝菜问世之初，不但没有“这三点”，第一个发现拔丝菜的厨工还差点儿受到老板的责备呢！

远在秦代，京城市场上没有糖卖，商人们四处寻找货源。河北一家糖坊的老板得知此事，便不分昼夜地生产，把甜菜根放到大锅里煮烂，再熬去水分制成糖。一天晚上，烧火的厨工因连续熬糖太累，睡着了。一觉醒来，发现熬糖的大锅正冒着泡泡，颜色金黄，液汁稠糊——过火了！

厨工怕老板责备，急忙把下一锅的甜菜也倒进锅里，操起大勺使劲地在锅里搅拌。突然，他发现每个甜菜根上都有透明的金丝缭绕，吓得惊叫起来……

老板被惊醒了，原因问明了，也被震惊了！

老板不但没有责备，反而和厨工一起操作起来：撤掉灶火，盛出菜根，仔细观察。

更奇特的现象出现了：缕缕金丝，能拔得很长很长，凉了，就像冰一样，“冻”在一起！

老板把“冰冻”的菜根放到嘴里一尝，外脆里嫩，又甜又香，十分美味！

受这“歪打正着”的启发，他们又试着用锅巴蘸糖拔丝，送给邻居们品尝，无不叫好！

从此，这拔丝菜肴便流行开来。到了清代，拔丝法被正式写入《素食说略》一书：将山药“去皮，切拐刀块，以油灼之，加入调好冰糖起锅，即有长丝……”

古往今来，拔丝菜肴不仅越做越精致，还越吃越讲究：成菜之后，迅速上桌食用，防止冷却拔不出丝；寒冷季节，特意在盘下托一个沸水碗保温，避免冷却过快，能延长拔丝时间；与拔丝菜同上一碗凉开水，食用者夹着拔丝菜在凉水里一蘸，拔丝菜快速降温，既可避免烫嘴，又能使糖衣变脆，不粘牙。

拔丝菜，一道别具特色的风味菜，一道难度较大的火候菜，一道长盛不衰的传统菜。古今厨师喜欢它，八方食客们青睐它……

拔丝技法菜例

拔丝山药

原料

山药500克，芝麻10克，糖150克，植物油1000克（实耗80克)。

制法

山药去皮、洗净，切成长约4厘米的菱形滚刀块，投入开水锅中焯烫片刻，捞出控水。

锅里放入植物油，烧至八成热，下入山药块，立即用手勺推动，炸至山药外壳发挺时，离火浸炸，炸至山药内里软熟并已上色，再回旺火稍炸，见山药表面变脆并呈均匀金黄色时，即用漏勺捞出，控净油。

锅留底油25克（或水50克），烧至四五成热时，下入白糖，用手勺不断搅拌，防止糖粘连结块，搅到糖已化成液体，半离火，继续搅炒，炒到糖液的浓度由稠变稀，糖液冒起的泡由大变小，糖液的色泽由浅黄变金黄，并微有黏性起丝时，迅速倒入山药块，颠翻几次(不宜多翻，防止翻破原料外皮)，使糖浆裹住原料，然后撒上芝麻，盛入抹过香油的盘子，上桌，另跟一碗凉开水。用筷子夹住裹匀糖浆的山药块，在凉开水中蘸食，糖浆变得酥脆，还能避免吃时烫嘴。

特点

色泽美观，光润透亮，甜脆香软。

火锅

“绿蚁新醅酒，红泥小火炉；晚来天欲雪，能饮一杯无？”这诗中的“小火炉”，便是唐代大诗人白居易笔下的火锅。

火锅是一种传统的烹调器具。烹制火锅菜肴，是人们常用的烹饪技法之一。集加热、烹调、盛装于一体的火锅，人们对它的称谓多多：

由于火锅使用的热源不同，分为木炭火锅、酒精火锅、电火锅、液化石油气火锅。

由于火锅所用烹饪原料的不同，分为羊肉火锅、猪肉火锅、鱼肉火锅、肥牛火锅。

由于火锅形状和菜肴特色不同，又分为鸳鸯火锅、辣味火锅、什锦火锅、海味火锅、滋补火锅、药膳火锅。

由于地域差别和食俗不同，还分为北京的羊肉火锅、东北的白肉火锅，四川的毛肚火锅。

火锅品种多，用料也极为丰富，从名贵的山珍海味到一般的白菜、粉丝、豆腐等，都可作为配制火锅菜肴的原料。

各种火锅原料，从入锅到出锅，所用的加热时间，是热菜中最短的。因此，火锅菜肴的肉片要切得非常薄，在沸水中来回一荡，几秒钟时间，肉片就变色，既熟又嫩还不失营养。火锅肉片，很讲究刀工，切成薄片，铺在盘子上，能隐约看出盘中的图案。

火锅风味独特，有汤有菜，汤热菜嫩。火锅也可以根据个人的喜好，选用不同的原料、调味料，使用不同的火候。

火锅既可以佐餐，又可以下酒，众人围食，气氛热烈。再加上火锅烹制方便，营养丰富，人们把它作为迎宾待客、阖家团聚的佳肴，就十分自然了。

从唐代开始，火锅开始流行起来，经久不衰。如今的火锅，真是要大有大，要小有小。

拥有吉尼斯纪录的世界第一大火锅：直径10米，高1.06米，黄铜铸成，锅身采用浮雕工艺技术，刻有“天下第一大火锅”7个大字，由56个鼎状小锅和一个大锅组成的锅顶，象征我国56个民族的团结祥和。2001年9月28日，重庆美食文化节开幕那天，在重庆市劳动文化宫的露天篮球场上，在这个热气腾腾的大火锅旁，56人团团围坐，同吃“天下第一大火锅”，成为十分壮观的一幕。有报道称，为了这次盛宴，拥有这“天下第一大火锅”的重庆市德庄饮食文化有限公司，一次性耗费火锅底料8吨，内中光是花椒就有25斤、辣椒40斤！

以往，人们常见的是“10人锅”或“8人锅”——一桌有10人或8人用餐。如今，“单人火锅，生意挺火。”北京一家火锅店的老板介绍说，有的顾客来到店里吃火锅，先问是不是单人火锅。他们店里只有大火锅，顾客一听，掉头就走。老板这才下定决心，一下买了上百个单人火锅，生意很快就火了起来。

以往，火锅通常是给餐饮业冷清的冬季送来“一把火”，如今随着饮食观念的改变和烹饪技法的提高，已经打破了火锅“不时不食”的寒季时限，火锅也唱起了“四季歌”……

火锅技法菜例

双圆火锅

原料

鱼圆、肉圆、粉丝、青菜各250克，冬笋、冬菇、蒜末各50克，精盐15克，味精5克，料酒2克，肉汤500克，姜末、酱油各20克。

制法

冬笋洗净，切成柳叶片；冬菇用温水泡30～60分钟，除净杂

质，择去柄根，用清水洗净；青菜掰去老帮，修整好，洗净。

火锅内用青菜、水粉丝垫底，然后放入鱼圆、肉圆（各占一边）。把上面的冬笋、冬菇间隔摆好。加入精盐、料酒、味精、肉汤，盖上盖。

火锅生火，汤沸后，同调味料一起上桌。

特点

色泽分明，造型美观，汤醇味鲜。

蜜汁

打开菜谱，上面有不少带“蜜汁”的菜名：蜜汁鲜桃、蜜汁云腿、密汁火方、蜜汁山药兔……

蜜汁，可以从字面上理解为“蜂蜜制成的汁”，也可以理解为蜜蜂、白糖、冰糖、清水混合制成的汁。在《中国烹饪百科全书》里，还能看到这样的解释：“以白糖与冰糖或蜂蜜加清水将原料煨、煮成带汁菜肴的烹调技法。”

作为一种烹饪技法，蜜汁最早出现于明代，称“蜜煮”、“蜜煨”。到了清代，又称“密炙”。现在普遍称为蜜汁。采用蜜汁法制作的菜肴，特点鲜明：色泽蜜黄，香甜软糯。蜜汁菜肴，是宴席上的甜味代表菜。

蜜汁板栗：猪油、冰糖、清水放入锅里，烧成糖汁，放入橘饼丁、葡萄干丁，炒匀，再把蒸好的板栗放入锅里，翻转锅，蜜汁均匀地粘到板栗上，出锅装盘，撒上金糕丁。

蜜汁葫芦：用枣泥做馅心，用面团包成葫芦形状，过油定形后，把“葫芦”、糖、蜂蜜、水等一同放入锅里，熬煮成熟。

蜜汁莲子、蜜汁山药：把不易熟烂或易散碎的莲子或山药放到碗里，加入糖、蜂蜜等，放到笼屉里蒸制后，翻扣在盘内或碗里，滗去甜汁，放到锅里，将汁收浓。

蜜汁萝卜：一层萝卜一层盐，码入容器，15天后捞出，清水洗去咸味，晒至起皱纹，装袋放入酱缸，每天搅动一次，30天后捞出，再晒出皱纹，用白糖拌匀，装到坛里，15天后食用。

蜜汁番茄：番茄烫后去皮，挖去蒂把，挤去籽，切成薄圆片，装到盘里，将白糖和蜂蜜均匀地撒到番茄片上。

冰糖八宝饭：选用生糯米、熟莲子、桂圆肉、葡萄干、松子仁、青梅、杏脯、桃脯、蜜枣，共8种原料——“八宝”。先把糯米蒸熟，趁热拌入熟猪油和白糖。把桂圆、青梅、杏脯、桃脯、蜜枣切成细丁。在碗底抹一层油，用“八宝”在碗底码成图案，放入糯米，压实，蒸透，倒扣碗中。锅里加入冰糖水，烧滚，用湿淀粉勾成薄芡，浇在“八宝”上。

蜜汁菜肴不断演变、创新。目前蜜汁技法主要有三种：

一、原料直接下水，加甜料煨至软烂，蜜汁浓稠。这种方法适于蜜汁桔子等鲜嫩的生料。

二、用油将糖炒黄，再加水将糖溶化，然后放入原料煨熟。这种技法适于根茎类蔬菜原料，蜜汁之前多用油炸。例如，蜜汁山药。

三、原料放在糖水中蒸至软烂，取出装盘，再将糖汁收浓。这种技法适于蜜汁什锦果脯等不易熟或散碎的原料。

运用蜜汁技法，不可忽略以下五点：

一、原料选择。最好选用山楂、杏脯、葡萄干等含酸质的原料，成菜具有先甜后酸、甜酸混合的味感效果，更能刺激食欲。

二、甜料运用。冰糖优于白糖，蜂蜜必不可少。还可使用柠檬汁、香滨汁等果汁和少许香精，进一步增强口感效果。

三、烹饪技法。根据原料的不同性质，灵活运用不同的烹调技法。鲜嫩含水多的原料，少放水，煨或蒸的时间短一些；各种蜜饯等原料本身含甜质较多，要适当减少糖料；山药、红薯、芋头、莲藕等淀粉含量多的原料，用清水浸出部分淀粉之后，再加热蜜制，更能突出甜味菜肴的特殊风味。

四、甜度掌握。蜜汁菜肴的甜度要适口。

五、火候。蜜汁菜肴，宜使用中火和小火。

蜜汁技法菜例

桂花糖藕

原料

鲜藕中段7500克，糯米2500克，白糖750克，糖桂花50克，食用碱25克。

制法

将鲜藕洗净，取用两端留节的中段，在藕节较细的一头，距藕节约3厘米处横面切断。将藕倒置，防止孔内入水，保留切下的段做盖用。

糯米洗净，沥干水分后灌入藕孔，捺实后，将原来切下的一段盖合上，用竹签插住封好。

用竹篮盖垫于锅底，将藕平放其上。放入清水，用旺火煮开，煮至藕熟烂、米熟透。

将熟藕趁热取出，用刀刮去藕皮，切成0.6厘米厚的片，放入另一锅中，撒上白糖、糖桂花、食用碱和适量水，加热，焖约半个小时，汁浓后，装盘上桌。

特点

汁浓黏稠香甜，色泽淡雅光亮。

琉璃

把“琉璃”写在烹饪技法的目录之下，似乎值得商榷。因为，琉璃本是用铝和钠的硅酸化合物烧制成的釉料，加在黏土的外层，烧制成琉璃缸、琉璃盆、琉璃砖、琉璃瓦。特别是北京人，提起琉璃，就会联想到那条古老的文化街——琉璃厂，还有那条街上深藏的琉璃窑、琉璃渠村、琉璃瓦件的故事……烹饪技法里有“琉璃”？有没有搞错?

探究之中，笔者记起饭店里各式各样的琉璃菜肴：

琉璃桃仁：淡黄发亮，桃仁酥香，香甜可口。

琉璃苹果：金黄透亮，外酥脆，内软嫩，味甜酸。

琉璃丸子：宛如珍珠，闪闪发光，玲珑诱人，酥脆香甜。

琉璃白肉：金黄晶亮，肉质酥脆，口味甜香。

琉璃樱桃：光亮红艳，酥软肥口，甜香诱人……

琉璃菜肴已成为甜菜家族的重要成员，为丰富多彩的中国菜肴增姿添色。

《中国烹饪百科全书》在“琉璃”条目里写道：“使原料包裹一层透明糖壳而成菜的烹调方法。因形似琉璃，故名。”

果真名符其实，琉璃菜肴具有共同的特点：糖壳晶亮，形似琉璃，外酥脆，内软嫩或酥脆，口味香甜。琉璃菜肴常常是宴席中不可或缺的甜品。

在深入探究中，还会发现，制作琉璃菜肴有两个关键：一是糖浆熬制。要熬到可以拔出糖丝的程度，欠火或过火，都影响色泽和透明度，口感也差；二是不能粘连。原料挂糖浆后，立即倒入洁净的瓷盘里，迅速用筷子拨开，放在通风处晾透，见原料表面结成晶莹透亮的琉璃硬壳，即可上桌。

透过这"两个关键"，又会进一步发现：琉璃的熬制糖浆，与拔丝相同；琉璃挂糖浆后的处理，则与拔丝不同。我们不妨对照一下：

琉璃菜肴的原料选择、操作工艺、熬糖方法，与拔丝菜肴相同。将原料加工成一定的形状后，根据原料性质，在过油之前，有的挂糊（琉璃肉），有的先拍粉后抓浆（琉璃苹果），有的先行焯水（琉璃桃仁），有的则不做任何处理，直接过油。原料过油致熟后，放入熬好的糖汁里，炒匀，使每块原料都均匀地裹上糖浆。至此，整个过程与拔丝技法完全一致。所以，烹饪专家得出结论：琉璃是拔丝技法的分支——琉璃技法。

琉璃法缘于拔丝法，却又与拔丝法有明显的区别。拔丝菜肴成菜后，快速装盘，快速上桌，配以冷水，即刻食用。琉璃菜肴成菜后，则要散放在案上或大盘里，用筷子逐块拨动，加速冷却，间离开来，互不粘连。拔丝菜肴边拔边吃，金丝缕缕，富有情趣，而琉璃菜肴无丝可拔，块块硬朗，另有一番美感。拔丝菜肴时间一长，糖浆变硬，原料粘连，就失去了拔丝的特点。与此相反，琉璃菜肴凉吃，更能突出外壳的挺脆适口。

琉璃菜肴最早出现于黄河流域，如山东的琉璃肉、琉璃苹果、琉璃桃仁，河南的琉璃藕、琉璃馍。近年来，琉璃技法被餐饮行业广泛应用，琉璃菜肴的原料也不断扩大，既有肉类、蔬菜类原料，又有果类原料。琉璃菜肴越来越受到人们的喜欢。

琉璃菜虽然没有拔丝菜那样满桌飞丝的情趣，却独具酥脆香甜的好滋味。这也正满足了人们对饮食选择多样化的要求。“萝卜白菜，各有所爱。”

琉璃技法菜例

琉璃金枣

原料

枣泥50克，土豆160克，面粉25克，白糖100克，植物油500克(实耗50克)。

制法

土豆去皮，洗净，用沸水煮烂后捣成细泥，掺入面粉拌匀，然后分别摘成小块，包入枣泥，做成橄榄形，即成“金枣”坯料。

锅里放入植物油，烧至五成热，逐个投入“金枣”坯料，炸成金黄色，捞出控油。原锅留少许底油，放入白糖，用旺火烧热，糖溶化后即转为小火搅炒，炒至糖浆起黏能拔出丝时，倒入炸好的“金枣”坯料，离火颠翻，使“金枣”挂匀糖浆。

把挂匀糖浆的“金枣”盛入盘内，用筷子拨散，晾凉表层，结成酥脆香甜的硬壳时，码入盘内上桌。

特点

晶莹透亮，酥脆香甜。

挂霜

挂霜菜肴，时有所见：挂霜花生、挂霜莲子、挂霜豆腐、挂霜排骨、霜花山药……这些挂霜菜肴，可以说是“千菜一面”——色白如霜。

那如霜的白色，来自白糖。厨师们用白糖给菜肴挂霜，通常采用3种技法：

顶霜法：在炸好的原料上撒上一层白糖。例如，高丽澄沙，香蕉果炸。

挂霜法：原料经油炸后，放到熬成约140℃左右的糖浆中，离火翻拌，使原料表面的糖浆冷却结晶，形成白霜。例如，挂霜丸子、挂霜排骨。

翻砂法：先将原料按拔丝法制作，拔丝后，立即倒入白糖堆中，趁热翻滚，拔丝菜肴又均匀地粘上一层白糖。例如，挂霜花生、挂霜烙炸。

在这3种技法中，挂霜法和翻砂法较为常用，制作难度也大。因为这两种技法都需要熬制糖浆。熬制糖浆，是挂霜菜肴成败的关键。

同是熬制糖浆，挂霜菜肴和拔丝菜肴却各有不同。拔丝菜肴要求夹起后能牵出缕缕糖丝，而挂霜菜肴则要求菜肴表面凝成一层细细的白霜。

且说这“白霜”，只有糖浆“翻砂”之后才能出现。“翻砂”，是使糖浆再度结晶在原料上的过程。结晶，取决于锅里糖水化合的浓度、锅下火力的温度。可见，“白霜”得来并非易事！

很多厨师在制作挂霜菜肴时，很难“一炮打响”，要么糖浆结晶的颗粒粗而不匀，要么把糖浆熬成了糖片，要么糖浆在原料表面形成了一种胶状物的硬壳。总之，一番忙碌过后，却事与愿违：挂霜菜肴不见霜！

从厨之路无捷径。自宋代开始，我国厨师代代相传，勤学苦练挂霜技法，逐步归纳出7个要领：

一、糖和水的投放比例适当，以对等为宜。这样能保证水对糖的合理溶解度，在原料放入之前，糖浆应一直处于流体状态。

二、控制好糖浆中的水分挥发，不宜过快。与制作拔丝菜肴相比，熬制挂霜菜肴的糖浆，锅下火力应低些。这样，既能保证糖浆颜色的洁白，又能防止糖浆粘锅。

三、适时将原料放入糖浆内。当糖浆的水分逐渐挥发，气泡由大变小，糖浆出现紧稠时，要立即放入炸过的原料，并将锅离火。

四、翻砂。锅离火后，马上轻轻地翻动挂浆原料，当糖浆均匀地粘到原料以后，再用筷子轻轻拨动。这时，随着锅里温度下降和翻锅时热气散失，糖浆开始在原料表面结晶，糖浆的颜色也会在瞬间变得洁白。

五、护霜。糖浆颜色变白，说明翻砂现象已经出现，应立即停止拨动原料，让糖的结晶充分体现在原料表面。如果这时再拨动原料，容易将原料上的白糖结晶拨掉，使本已挂上的霜又脱落，影响菜肴质量。

六、控制好油温。炸制原料时，要清油低温，以保证炸后的原料颜色洁净，内外熟透。

七、掌握好白糖和原料的用量比例。

掌握了这7个要领，在实践中精细操作，就能烹制出“表面洁白如霜，食之松脆香甜”的挂霜菜肴。

挂霜菜肴，是甜菜里的“当家菜”，经久不衰，至今仍经常出现在人们的宴席中。

人们在挂霜菜肴的深入研究中发现，挂霜法最早见于宋代，那时称之为“糖霜”、“珑缠”、“糖缠”。清河郡王张俊宴请宋高宗的菜单中，就有3道典型的挂霜菜肴：糖霜玉蜂、缠枣圈、龙缠桃条。明代的《宋氏养生部》，还有关于“糖缠法” 的详细记载：“投以果物和匀，宜速离火，俟其糖少凝”。

挂霜技法菜例

挂霜莲子

原料

水发莲子300克，白糖200克，干淀粉300克(实用40克)，花生油800克(约耗50克)。

制法

将莲子放入大漏勺内，用清水冲洗一遍，再将莲子倒入盛干淀粉的盆中，反复滚动，使莲子全身挂匀干淀粉，放入盘中，备用。

炒锅内放入花生油，烧至六成热时放入莲子，用小铲翻动，炸至莲子微黄时，捞出沥净油。

炒锅刷洗干净，放入50克清水和白糖，用中火熬至白糖将要成沙粒状(用手勺推搅时能看见勺底)时，放入炸好的莲子，不断翻拌，待糖挂匀，稍凉并还原成白色时，装盘上桌。

特点

色泽洁白，酥脆香甜。

微波炉

微波炉里的微波，看不见，摸不着，可它却能让烹饪原料由生变熟。

热气腾腾、浓香四溢的菜肴，从微波炉里取出来了：咖喱牛肉，一样的色泽浓黄、鲜嫩可口；太白醉鸡，同样的淡黄油亮、醇香肥嫩；翠玉黄瓜，照样的甜里带咸，酸辣浓香……

哇，好神奇！没有明火，没有油烟，也用不着花费那么多时间，微波炉菜肴的造型、品质和风味都不错！

微波炉，成了“厨房新贵”，被誉为“快速大厨”——它与同样功率的普通电炉相比，烹饪速度快4～10倍，而耗电量却低得多。微波炉给人们提供了一种全新的烹饪技法：“机械烧烤”、“电脑作菜”、“微波大厨”。

据报道，微波炉已不仅用于烤、炖、蒸和熟食加热，还能做出可口的年夜饭。2004年春节前，市场上出现的圆形内胆微波炉，采用数码技术，操作更加方便快捷，增强了加热的均匀性，解决了不易清洁的“死角”问题，自动调节热量与烹饪时间，能节省30%的烹饪时间。

关于微波炉的受欢迎程度，从居民耐用消费品的“三大件”说起，很有说服力：改革开放之前，是“手表、自行车、洗衣机”，后来是“彩电、冰箱、洗衣机”，如今这些都已成为寻常之物，有的甚至被人遗忘，取而代之的是“电脑、空调、微波炉”。微波炉争相进入寻常百姓家，也越来越多地服务于大小饭店和超市。

用微波炉制作菜肴，烹饪专家强调“应该怎样”和“不应该怎样”：

应该掌握微波炉制作菜肴的要领，严格按照这些要领按动电纽，输入程序，正确使用。

不应该将铝、铁、不锈钢、搪瓷等制品作为盛器放入炉腔，因为微波遇到金属会被反射。微波炉的盛器，要选用玻璃、陶瓷、塑料等非金属制品。不应该在加热过程中对原料进行调味等处理，因为微波对人体有害，必须封闭加热。

烹饪专家同时指出，目前影响微波炉使用的一个大问题，是“微波炉食谱”不实用。

随炉赠送的食谱，书店里卖的“微波炉食谱”，几乎都有很诱人的菜肴照片，菜肴原料也几乎都很“贵族”：椰子炖燕窝、红烧鸡丝鲍翅、冬蓉火腿酿竹笙、烟肉蜜豆炒鲜鱿。“微波炉食谱”的原料，很少有白菜、土豆、茄子等“大路菜”，即使有一些，往往也要为腌料和调味品犯愁，柠檬油、芹菜盐、百里香香粉之类很难配齐。

缘于此，有人不得不把“食谱”扔到一边，微波炉成了“热饭箱子”。

“微波炉食谱”的编制和微波炉使用知识的普及，还有很多工作要做。

我国原本没有微波炉。它的出现，是引进国外烹饪机器设备的一个实例。微波炉的磁控管，变压器、整流器等构件，既不同于灶台上的大锅小勺，又有别于普通电炉。

在引进烹饪机器设备的同时，也引进了先进的烹饪技法。这如同我国汉代引进大蒜、唐代引进菠菜、宋代引进辣椒、清代引进西兰花等烹饪原料一样，都有利于加快我国烹饪事业的发展和繁荣。

微波炉技法菜例

咖喱牛肉

原料

牛肉250克，洋葱半只，胡萝卜1根，土豆1只，青豆20克，咖喱粉、淀粉、糖、盐、油各适量，味精、胡椒粉各少许。

制法

将牛肉洗净，切成丁，用油、酱油、盐和胡椒粉腌泡15分钟后，以微波90%火力加热3分钟。

将土豆丁、胡萝卜丁、洋葱丁及青豆仁放在同一碗中，以微波90%的火力加热4分钟。

将熟土豆丁等倒入熟牛肉丁中，加入咖喱粉、淀粉、糖、盐、味精，搅匀，再以微波90%火力加热1分钟即可。

特点

色泽浓黄，鲜辣可口。

后 记

2007年8月，我计划写作的“厨行天下”烹饪书系出版了第一本书《烹饪刀工》。据负责此书出版发行的中国商业出版社告知，《烹饪刀工》说不上畅销，绝不是滞销，也不是常销，目前已所剩无几。这也增添了我对“厨行天下”烹饪书系的写作信心，继续为厨师和爱好烹饪的朋友们“捉刀”，在《烹饪刀工》出版一周年之际，《烹饪技法》的书稿就要付梓了。

面对冠以“厨行天下”总书名的又一部书稿，觉得有必要向读者朋友介绍一下我计划写作“厨行天下”烹饪书系的缘由。

我曾在粮食部门、饮食行业工作，也就“在行言行”，坚持写一些与“食”有关的不同体裁的文章，还为一些报刊撰写“美食五味瓶”、“烹饪技法探究”、“烹文煮史”、“名人饮食”等专栏文章，也还出版了论文集、报告文学集、美食文集等书籍。但是，仍有一种“言犹未尽”的感觉，总想下功夫写出一套融知识性、实用性、可读性于一体的烹饪专业的书，把藏在资料堆里、锁在厨房里和耳闻目睹的烹饪经典介绍给读者。于是，就有了“厨行天下”烹饪书系的写作想法和计划，并在中国商业出版社的支持下得以实施：《烹饪刀工》已出版，《烹饪技法》待出版，《烹饪火候》已定稿，《烹饪调味》也在紧张的写作之中……

《烹饪技法》动笔于2003年，起因是我与几位美食编辑的谈吃论喝，你一言，我一语，最后把话题集中到中国烹饪技法上：感慨于煎炒烹炸等各种技法之精湛，既有历史悠久的，又有细化创新的，在不同地区、不同民族、不同菜系之中，各具特色。同时也忧虑于烹饪技法的一些理论和实践问题，比方说，忽视了对烹饪技法的系统研究，而偏重于菜品研究，把烹饪技法当作菜品的"附属品"；烹饪技法定义缺乏统一的依据，从多角度用多种依据来确定烹饪技法的名称，烹饪技法的名称越来越多，出现一些交叉重叠的现象；一些菜谱类图书，虽然也粗略地介绍一些菜肴的简单制法，兼顾少量烹饪基础知识和基本方法，却很少介绍烹饪技法产生的历史背景、最新发展情况、操作时的关键环节，对诸多烹饪技法"知其然，不知其所以然。"

在朋友们的建议下，我把有关烹饪技法的各种"原料"搬到电脑前，进行"选料"、"原料初加工"、"原料精加工"，再加入一些写作方面的"调味料"，针对目前烹饪行业广泛通用的、影响较大的、具有代表性的50烹饪技法，一一进行探究，采用"漫谈"形式，讲述烤、炒、炝、拌、涮、扒、煎、汆、蒸、炖、煮、烧、炸、烹、醉、熏、煨、泡、冻、腌、酱、卤、烙、烩、爆、烘、羹、贴、扣、熘、焖、熬、腊、酥、滚、糟、焙、浸、拼、甜、塌、焗、烫、淋、拔丝、火锅、蜜汁、琉璃、挂霜、微波炉。

为了便于读者掌握和运用这些技法，更全面地开展案例教学，更深入地进行理论研究，更系统地推进厨艺交流，在每种技法后面都附有菜例和插图。

至此，《厨行天下·烹饪技法》就这样面世了。如果本书有助于读者把握好制作菜肴的最后一环——烹饪技法，那将是我莫大的欣慰，也将激励着我继续完成“厨行天下”烹饪书系的写作。

单守庆

2008年7月26日